"十三五"普通高等教育规划教材

有机化学实验指导

吴玮琳　主编　杨司坤　罗喜爱　副主编

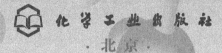

化学工业出版社

·北京·

本书分为三个部分：第一部分绪论，简单介绍有机化学实验的目的、实验室规则、实验室安全守则及事故处理；第二部分有机化学实验基本知识，包含有机化学实验常用仪器及使用方法、有机化学实验常用技术及装置；第三部分实验项目，包括 13 个精心选择的实验。一些是训练基本实验技能的实验，如熔点的测定，蒸馏及沸点、折射率的测定，甲醇-水的分馏，减压蒸馏，液-液萃取，重结晶；另一些是综合性实验，如乙酸乙酯的合成及水解，阿司匹林的合成，青菜色素的提取及三种类型的色谱实验，从茶叶中提取咖啡因，通过水蒸气蒸馏从橙皮中提取柠檬烯。

　　本书可作为药学、检验、临床、护理、中药学、医学技术等专业的教材，也可供相关科技人员阅读参考。

图书在版编目（CIP）数据

　　有机化学实验指导/吴玮琳主编. —北京：化学工业

出版社，2017.9（2023.1 重印）

　　"十三五"普通高等教育规划教材

　　ISBN 978-7-122-30311-0

　　Ⅰ.①有…　Ⅱ.①吴…　Ⅲ.①有机化学-化学实

验-高等学校-教学参考资料　Ⅳ.①O62-33

　　中国版本图书馆 CIP 数据核字（2017）第 181321 号

责任编辑：朱　理　杨　菁　闫　敏	文字编辑：孙凤英
责任校对：宋　玮	装帧设计：张　辉

出版发行：化学工业出版社（北京市东城区青年湖南街 13 号　邮政编码 100011）
印　　装：涿州市般润文化传播有限公司
787mm×1092mm　1/16　印张 8¾　字数 133 千字　2023 年 1 月北京第 1 版第 4 次印刷

购书咨询：010-64518888　　　　　　售后服务：010-64518899
网　　址：http://www.cip.com.cn
凡购买本书，如有缺损质量问题，本社销售中心负责调换。

定　　价：29.00 元　　　　　　　　　　　　　　版权所有　违者必究

前　言

　　有机化学实验是学习有机化学的重要环节。通过实验，不仅能使学生巩固和加深对有机化学基本理论和基本知识的理解，正确地掌握有机化学实验基本技能，而且还能培养学生严谨的科学态度、良好的分析问题和解决问题的能力。

　　本书是根据普通高等院校药学、检验、临床、护理、中药学、医学技术等专业《有机化学》实验教学大纲的要求，本着"适用、实用"的原则进行编写的。

　　本书包括三个部分：第一部分绪论，简单介绍有机化学实验的目的、实验室规则、实验室安全守则及事故处理；第二部分有机化学实验基本知识，包含有机化学实验常用仪器及使用方法、有机化学实验常用技术及装置；第三部分实验项目，包括 13 个精心选择的实验，其中一部分是训练基本实验技能的实验，其余是综合性实验。

　　本书的特点如下：

　　1. 实验教材与实验报告合二为一。《有机化学实验指导》教材后附有有机化学实验报告，内含每个实验项目的预习报告、实验报告，其中，实验报告包括两部分，一部分是实验数据及结果处理、原始数据检查教师签名处，另一部分是思考题及实验报告批阅教师签名处。这样的编排有助于教师规范实验教学的三环节，即学生预习、实验过程、实验报告三个环节，每个环节都有据可查。

2. 注重基本操作技能的训练。通过实验体系中的不同实验反复训练需要熟练掌握的有机实验基本操作，训练由易及难、由简单到综合，层层递进，提升学生的基本操作技能，为后续课程实验教学打下坚实基础。

3. 注重实验项目的安全及环保性。在选择实验项目时，安全及环保是重要的考虑因素，我们将湖南医药学院老师的实验教改科研成果纳入本教材，编写了一个实验项目"乙酸乙酯的合成与水解"，使乙醇得到重复利用而不是像以前一样被丢弃，污染环境。在色谱实验中选用天然的蔬菜提取色素然后进行分离。水蒸气蒸馏则选用怀化盛产的橙子做实验材料。尽量避免选用毒性大的试剂及实验安全隐患大的实验项目。

4. 注重实验项目的成本。所选用的实验项目无需特别的实验装置，一套中型的有机合成玻璃仪器、一些加热设备，还有一些熔点及折射率测定的仪器即可开设本教材所有实验项目。

5. 注重能力的培养。通过综合性实验培养学生学以致用的能力。

本书由吴玮琳担任主编，杨司坤、罗喜爱担任副主编。参加本书编写工作的有吴玮琳（第二部分，第三部分实验一、二、七、十三）、杨司坤（第三部分实验三、六、八、十一）、罗喜爱（第三部分实验四、五、九、十、十二）、马俊（第一部分）。

由于笔者水平有限，书中难免有不妥和疏漏之处，敬请读者批评指正。

编者

目 录

第一部分 绪 论

一、有机化学实验的目的

有机化学实验是有机化学的重要组成部分。尽管现代科学技术突飞猛进，使有机化学从经验科学走向理论科学，但它仍是以实验为基础的科学。在药学专业有机化学的教学计划中，实验课时与理论课时的比例几乎达到1：1，有机化学实验的重要性由此可见一斑。我们认为有机化学实验的目的是：

（1）使学生熟练掌握有机化学常用装置及基本操作，具备有机化学实验基本操作技能，培养其独立进行实验的能力。

（2）配合课堂讲授，验证和巩固课堂讲授的基本理论和基础知识。

（3）培养学生理论联系实际、分析问题和解决问题的能力。

（4）培养学生实事求是的工作作风、严谨的科学态度和良好的工作习惯。

二、实验室规则

（1）实验前要做好预习和实验准备工作，做到心中有数；要检查所需的试剂、实验仪器是否齐全。

（2）实验时要保持安静，不得随意走动和喧哗；要集中精神，认真操作，仔细观察，积极思考问题，如实和详细地记录实验结果。

（3）实验时应虚心听取教师的指导，不得随意改变实验步骤和方法。实验过程中若出现错误，不能随意结束实验，应主动请教实验指导教师，找出一个最佳的解决方案。

（4）要爱护各种实验仪器和设备，注意节约。个人应取用自己的仪器，公用仪器使用完毕应及时放回原处并保持整洁，若有损坏，应及时登记和补领。

（5）按规定的量取用试剂，自瓶中取出试剂后，应立即盖好瓶盖，将试剂瓶放回原处，不得擅自拿走。

（6）实验过程中应保持实验室及实验台面的整洁。

（7）应注意废液的处理。酸性废液应倒入废液缸（或桶）内，切勿倒入水槽，以防腐蚀下水管道。碱性废液可倒入水槽并用水冲洗。

（8）实验完毕，应将所有仪器清洗干净后整齐有序地放回实验柜内，安排值日生擦拭干净实验台和试剂架，打扫地面，最后关好水电。

（9）做完实验后，应根据原始记录，联系理论知识，认真处理数据，分析问题，写出实验报告，按时交指导教师批阅。

三、实验室安全守则及事故处理

1. 化学实验室的安全守则

（1）凡产生刺激性的、恶臭的、有毒的气体（如：Cl_2、Br_2、HF、H_2S、SO_2、NO_2、CO 等）的实验，应在通风橱中进行。

（2）浓酸、浓碱具有强腐蚀性，切勿溅在衣服、皮肤、尤其眼睛上。稀释浓硫酸时，应将浓硫酸慢慢地注入水中，并不断搅动，切勿将水注入浓硫酸中，以免产生局部过热，使浓硫酸溅出，引起灼伤。

（3）有毒试剂（如重铬酸钾、铅盐、钡盐、砷的化合物、汞的化合物，特别是氯化汞和氰化物），不得进入口内或接触伤口。氰化物不能碰到酸（氰化物与酸作用放出氢氰酸，使人中毒）。实验后废液应按教师要求倒入指定容器内，切不可随便倒入下水道。

（4）加热试管时，不要将试管口指向自己和别人，也不要俯视正在加热的液体，以免溅出的液体把人烫伤。

（5）不允许用手直接取用固体试剂。闻气体时，鼻子不能直接对着瓶口（或管口），而应该用手把少量气体轻轻扇向自己的鼻孔。

（6）使用酒精灯，应随用随点，不用时盖上灯罩。不要用已点燃的酒精灯去点燃别的酒精灯，以免酒精溢出而失火。

（7）有机溶剂（如乙醇、乙醚、苯、丙酮等）易燃，使用时一定要远离火焰，用后应把瓶塞塞严，放在阴凉的地方。一切包含易挥发的或易燃的物质的实验，都应在离火较远的地方进行，应尽可能在通风橱中进行。

（8）不要用湿的手、物接触电源。水、电一经使用完毕，就立即关闭开关和电闸。点燃的火柴用后立即熄灭，不得乱扔。

（9）禁止随意混合各种化学药品，以免发生意外事故。

（10）严禁在实验室内饮食、吸烟，或把食物带进实验室。实验完毕，必须洗净双手，方可离开。

2. 实验室事故的处理

为了预防实验室事故，实验室建设要根据国家有关部门的规定，有防火、防盗、防爆、防破坏的基本设备和措施。高压容器、易燃、易爆、有毒物品要按国家有关规定合理存放，专人管理。有三废处理措施，符合环保要求。为了预防实验室事故，学生在实验前应掌握一般安全知识，熟悉实验室环境、灭火器材和急救药箱的放置地点和使用方法，严格遵守实验室的安全守则、实验步骤中试剂使用和操作的安全注意事项。牢记意外事故发生时的处理方法及应变措施。

在实验中如果不慎发生意外事故，不要慌张，应沉着、冷静，迅速处理。具体如下：

（1）烫伤：不要用冷水洗涤伤处。可用高锰酸钾或苦味酸溶液揩洗灼烧处，再搽上凡士林或烫伤油膏。

（2）受强酸腐伤：应立即用大量水冲洗，然后搽上碳酸氢钠油膏或凡士林。

（3）受浓碱腐伤：应立即用大量水冲洗，然后用柠檬酸或硼酸饱和溶液洗涤，再搽上凡士林。

（4）化学试剂溅入眼中：若酸液或碱液溅入眼中，立即用大量水冲洗；若为酸液，再用1%碳酸氢钠冲洗；若为碱液，则再用1%硼酸溶液冲洗；最后用水冲洗。

（5）毒物进入口内：把5～10mL稀硫酸铜溶液加入一杯温水中，内服后，用手指伸入咽喉部，促使呕吐，吐出毒物，然后立即送医院救治。

（6）割伤：应立即用药棉揩净伤口，搽上龙胆紫药水，再用纱布包扎。如果伤口较大，应立即到医务室医治。

（7）火灾：如乙醇、苯或醚等引起着火时，应立即用湿布或沙土等扑灭；如火势较大，可使用四氯化碳灭火器或二氧化碳泡沫灭火器；如遇电气设备着火，应立即关闭煤气与电源，向火源撒沙子或用石棉布覆盖火源，必须使用四氯化碳灭火器，绝对不可用水或二氧化碳泡沫灭火器；衣服着火，绝不能奔跑，应立即就地滚动或用水浇灭。

（8）遇有触电事故，首先应迅速切断电源，然后再将触电人员脱离带电设备。但在此过程中，救援人员必须做好自身安全防护工作。

第二部分　有机化学实验基本知识

一、有机化学实验常用仪器及使用方法

1. 标准磨口玻璃仪器及使用方法

标准磨口玻璃仪器是具有标准磨口或磨塞的玻璃仪器。由于口塞尺寸的标准化，相同编号的内、外磨口可以互相连接，不同编号的仪器可以通过转换接头连接起来。使用标准磨口玻璃仪器既可免去配塞子的麻烦，安装省时省力，又能避免反应物或产物被塞子沾污；口塞磨砂性能良好，使反应装置密合性好，对蒸馏尤其是减压蒸馏有利，对于毒物或挥发性液体的实验较为安全。因此标准磨口玻璃仪器已被广泛使用。常用标准磨口玻璃仪器见图 2-1。

我国标准磨口玻璃仪器采用国际通用技术标准，常用的是锥形标准磨口。玻璃仪器的容量大小及用途不同，可采用不同尺寸的标准磨口。常见标准磨口玻璃仪器编号及尺寸见表 2-1。

表 2-1　常见标准磨口玻璃仪器编号及尺寸

编号	10	12	14	19	24	29	34
大端直径/mm	10.0	12.5	14.5	18.8	24.0	29.2	34

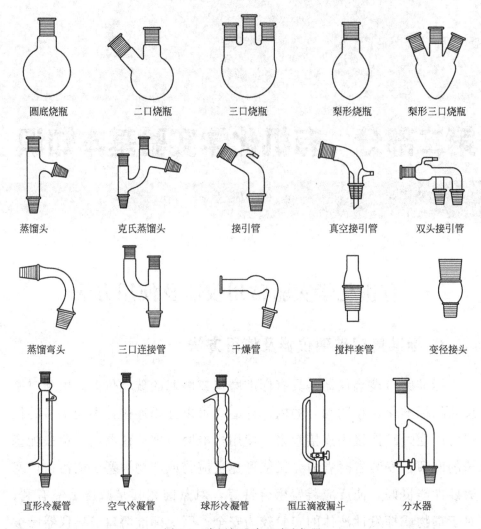

图 2-1　常用标准磨口玻璃仪器

使用标准磨口仪器时应注意以下事项：

（1）必须保持磨口表面清洁，特别是不能沾有固体杂质，否则磨口不能紧密连接。硬质沙粒还会给磨口表面造成永久性的损伤，破坏磨口的严密性。

（2）标准磨口仪器使用完毕必须立即拆卸，洗净，各个部件分开存放，否则磨口的连接处会发生黏结，难以拆开。

（3）一般用途的磨口无需涂润滑剂，以免沾污反应物或产物。若反应中有强碱，则应涂润滑剂，以免磨口连接处因碱腐蚀粘牢而无法拆开。减压蒸馏时，磨口应涂真空脂，以免漏气。

（4）装配时，把磨口和磨塞轻微地对旋连接，不宜用力过猛，不能装得太紧，只要达到密闭要求即可。

（5）装、拆时应注意相对角度，不能在有角度偏差时强行扭转。

2. X-5型显微熔点测定仪及使用方法

X-5型显微熔点测定仪如图2-2（a）、图2-2（b）所示。

操作步骤如下：

（1）按照系统图，将显微熔点测定仪的显微镜部分、加热台部分、X-5型调压测温仪、传感器和电源线等部分安装连接好。

（2）对新购置的仪器，最好先用熔点标准药品进行测量标定［操作参照以下（3）～（14）步］。求出修正值（修正值＝标准药品的熔点标准值－该药品的熔点测量值），作为测量时的修正依据。

（3）对待测物品进行干燥处理：把待测物品研细，放入干燥塔内，用干燥剂干燥；或者用烘箱直接快速烘干（温度应控制在待测物品的熔点温度以下）。

（4）将热台放置在显微镜底座 $\phi100mm$ 孔上，并使放入盖玻片的端口位于右侧，以便取放盖玻片和药品。

（5）将热台的电源线插入调压测温仪后侧的输出端，并将传感器插入热台孔，其另一端与调压测温仪后侧的插座相连；再将调压测温仪的电源线与AC220V电源相连。

（6）取两片盖玻片，用蘸有乙醚的脱脂棉擦拭干净。晾干后，取适量待测物品（不大于0.1mg）放在一片载玻片上并使药品分布薄面均匀，盖上另一片载玻片，轻轻压实，然后放置在热台中心。

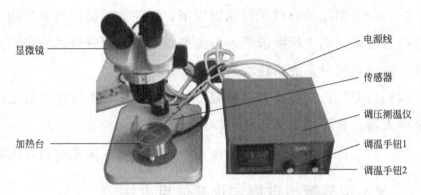

(a) 显微熔点测定仪的组成

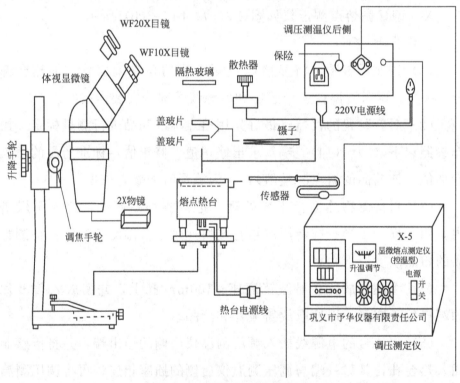

(b) 显微熔点测定仪的系统图

图 2-2　显微熔点测定仪的组成及系统图

（7）盖上隔热玻璃。

（8）扶好主机头，松开显微镜的升降手轮，参考显微镜的工作距离（108mm），上下调整显微镜，直到从目镜中能看到熔点热台中央的待测物品轮廓时紧锁该手轮；然后调节调焦手轮，直到能清晰地看到待测物品的像为止。

（9）X-5调压测温仪显示窗介绍。

在工作状态下："PV"实时显示温度测量值；

"SV"显示上限温度值。

在设定状态下："PV"显示功能提示符；

"SV"显示设定值。

（10）仔细检查系统的各种连接无误后，将调压控温仪上的调温手钮1和2逆时针调至头，打开电源开关。

（11）接通电源后仪表上排"PV"显示（测量值）、下排"SV"显示（上限温度值），如果显示（-LL.L）表示：未接实或未接传感器；传感器热阻开路。

（12）进入工作状态，此时："PV"显示测量值；下排"SV"显示上限温度值，（SET▲）键可以改变上限温度值（当测量值温度高于上限设定值时，系统自动断电，停止加热；当测量值温度低于上限设定值时，系统自动通电，继续加热）。一般按照比待测物熔点大约值略高调整上限测定值，起保护作用。

（13）根据被测物熔点的温度值，控制调温手钮1和2（它们表示：1—升温电压宽量调整；2—升温电压窄量调整），以期达到在测物质熔点过程中，前段升温迅速、中段升温渐慢、后段升温平稳。具体方法如下：先将两调温手钮顺时针调到较大位置，使热台快速升温。当温度接近待测物体熔点温度以下40℃左右时（中段），将调温手钮逆时针调至适当位置，使升温速度减慢。当温度接近待测物体熔点温度以下10℃左右时（后段），调整控温手钮控制升温速度每分钟1℃左右（注意：尤其是后段升温的控制对测量精度影响较大）。

（14）观察被测物品的熔化过程，记录初熔和全熔时的温度值，用镊子取下隔热玻璃和盖玻片，即完成一次测试。如需重复测试，只需将散热器放在热台上，逆时针调节手钮 1 和 2 到头，使电压调为 0 或切断电源，使温度降至熔点值以下 40℃ 即可。

（15）对已知熔点大约值的物质，可根据所测物质的熔点值及测温过程［参照（13）］，适当调节调温旋钮，实现精确测量；对于未知熔点物质，可先用中、较大电压快速粗测一次，找到物质熔点的大约值，再根据该值适当调整和精细控制测量过程［参照（13）］，最后实现精确测量。

（16）测试完毕，应及时切断电源，待热台冷却后，方可将仪器按规定装入包装。用过的载玻片可用乙醚擦拭干净，以备下次使用。

注意事项：

（1）在整个测试过程中，熔点热台属高温部件，操作人员一定要注意身体远离热台，取放熔点物品、盖玻片、隔热玻璃和散热块等时，一定要用镊子夹持，严禁用手触摸，以免烫伤。

（2）仪器应置于阴凉、干燥、无尘的地方使用与存放。

（3）透镜表面有污秽时，可用脱脂棉沾少许乙醚和乙醇混合物轻轻擦拭，遇有灰尘，可用洗耳球吹去。

（4）非专业人员请勿自行拆卸仪器，以免影响仪器性能。

3. 阿贝折射仪及使用方法

阿贝折射仪的构造如图 2-3(a)、图 2-3(b) 所示。

操作步骤：

（1）准备工作

① 在开始测定前，必须先用标准试样校对读数。对折射棱镜的抛光面上加 1～2 滴溴代萘，再贴在标准试样的抛光面，当读数视场指示于标准试样上之值时，观察望远镜内明暗分界线是否在十字线中间，若有偏差，则用螺丝刀微量旋转图 2-3 上的校正螺钉，带动物镜

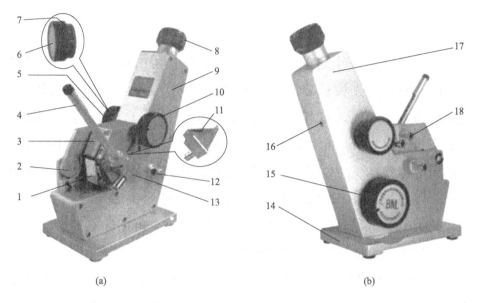

(a)　　　　　　　　　　　　　　　(b)

图 2-3　阿贝折射仪的构造

1—反射镜；2—转轴；3—遮光板；4—温度计；5—进光棱镜座；6—色散调节手轮；7—色散值刻度圈；

8—目镜；9—盖板；10—锁紧手轮；11—折射棱镜座；12—照明刻度盘聚光镜；13—温度计座；

14—底座；15—折射率刻度调节手轮；16—校正螺钉；17—壳体；18—恒温器接头

偏摆，使分界线像位移至十字线中心
（如图 2-4），通过反复地观察与校正，
使示值的起始误差降至最小（包括操
作者的瞄准误差）。校正完毕后，在
以后的测定过程中不允许随意再动此
部位。如果在日常的测量工作中，对
所测的折射率示值有怀疑时，可按上
述方法用标准试样进行检验，是否有
起始误差，并进行校正。

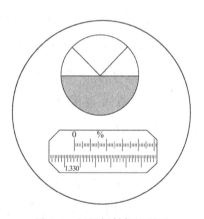

图 2-4　阿贝折射仪视野图

　　② 每次测定工作之前及进行示值校准时，必须将进光棱镜的毛
面、折射棱镜的抛光面及标准试样的抛光面，用无水乙醇与乙醚（1∶4）
的混合液和脱脂棉花轻擦干净，以免留有其他物质，影响成像清晰度

和测量精度。

（2）测定工作

① 测定透明、半透明液体。将被测液体用干净滴管加在折射棱镜表面，并将进光棱镜盖上，用锁紧手轮 10 锁紧，要求液层均匀，充满视场，无气泡。打开遮光板 3，合上反射镜 1，调节目镜视度，使十字线成像清晰，此时旋转折射率刻度调节手轮 15 并在目镜视场中找到明暗分界线的位置，再旋转色散调节手轮 6 使分界线不带任何彩色，微调折射率刻度调节手轮 15，使分界线位于十字线的中心（如图 2-4），再适当转动照明刻度盘聚光镜 12，此时目镜视场下方显示的示值即可为被测液体的折射率。

② 测定透明固体。被测物体上需有一个平整的抛光面。把进光棱镜打开，在折射棱镜的抛光面上加 1～2 滴溴代萘，并将被测物体的抛光面擦干净放上去，使其接触良好，此时在目镜视场中寻找分界线，瞄准和读数的操作方法如前所述。

③ 测定半透明固体。被测半透明固体上也需要有一个平整的抛光面。测量时将固体的抛光面用溴代萘粘在折射棱镜上，打开反射镜 1 并调整角度利用反射光束测量，具体操作方法同上。

④ 测量蔗糖溶液含糖量（浓度）。操作与测量液体折射率时相同。此时读数可直接从视场中示值上半部读出，即为蔗糖溶液含糖量浓度的百分数。

⑤ 测量平均色散值。基本操作与测量折射率时相同，只是以两个不同方向转动色散调节手轮 6 时，使视场中明暗分界线无彩色为止，此时需记下每次在色散值刻度圈 7 上指示的刻度值 Z，取其平均值，再记下其折射率。根据折射率值，在阿贝折射仪色散表的同一横行中找出 A 和 B 值查出相应的 α 值。

⑥ 若需要测量在不同温度时的折射率，将温度计旋入温度计座 13 中，接上恒温器的通水管，把恒温器的温度调节到所需测量温度，

接通循环水，待温度稳定 10min 后，即可测量。

4. ZNCL-BS 型磁力搅拌加热板及使用方法

（1）ZNCL-BS 型磁力搅拌加热板如图 2-5（a）、图 2-5（b）。

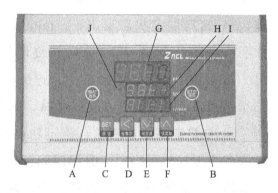

(a) 磁力搅拌加热板的组成　　　　　　　　　(b) 磁力搅拌加热板的控制面板

图 2-5　磁力搅拌加热板的组成及控制面板

A—加热开关键；B—搅拌开关键；C—设定键；D—移位键/自整定键/＜；E—设定减键/Ⅴ；

F—设定加键/Λ；G—温度显示窗口/PV；H—温度设定窗口/SV；

I—转速设定/显示窗口/r/min；J—加热输出指示灯/绿灯

（2）ZNCL-BS 型数显磁力（加热板）搅拌器的使用方法

① 将立杆固定在搅拌器后上方螺钉孔内，调整好十字夹高度，用万能夹将反应瓶固定好，放入合适搅拌子，插上内接传感器插头或外接传感器探棒，插入电源～220V，打开总开关。

② 温度设定：按下加热开关按键，进入加热状态，PV、SV 窗口有数字显示。按下 SET 设定键，SV 窗口数字闪烁，SV 窗口的数字可通过"＜""Ⅴ""Λ"按键调整。再按下 SET 设定键，可退出 SV 窗口温度设定状态，SV 窗口温度设定完成。设定出所需的加热

温度如：100℃，绿灯亮表示加温，绿灯灭表示停止。微电脑将根据所设定温度与现时温度的温差大小确定加热量，确保无温冲一次升温到位，并保持设定值与显示值±1℃温差下的供散热平衡，使加热过程轻松完成。

③ 转速设定：按下搅拌开关按键，进入搅拌状态，r/min 窗口有数字显示。按下 SET 设定键，SV 窗口的数字闪烁，再按下 SET 键，SV 窗口设定状态退出，r/min 窗口的数字闪烁，r/min 窗口的数字可通过"＜""∨""∧"按键调整。再按下 SET 设定键，可退出 r/min 窗口转速设定状态，r/min 窗口转速设定完成。100～2500r/min，LCD 显示，按键选择，低速平稳，高速强劲。

④ 自整定功能：启动自整定功能可使不同加热段或加热功率与溶液多少无规律可循时，升温时间最短，冲温最小，平衡最好，但改变加热介质或加温条件后自整定应重新设定。

⑤ 启动自整定：在正常测量控制状态，按住"＜"键8s，即可进入自整定状态，自整定状态下 AT 灯闪烁，如果过程需要停止自整定，再按住"＜"键8s即可。

⑥ 按 SET 设定键调整各个功能参数时，8s 内无任何按键操作，仪器自动退出设定状态，进入正常显示状态。如参数仍需调整，需要再次按 SET 设定键，进入设定状态。

⑦ 搅拌器后下方有一橡胶塞子，用来保护外用热电偶插座不腐蚀生锈和导通内线，拔掉则内探头断开，机器停止工作。如用外用热电偶时，应将此塞子拔掉保存，将外用热电偶插头插入插座并锁紧螺母，然后将不锈钢探棒放入溶液中进行控温加热。

⑧ 该电器设有断偶保护功能，当热电偶连接不良时，显示窗"HHHH"绿灯灭，电器即停止加温，需检查后再用。

（3）ZNCL-BS 型 数显磁力（加热板）搅拌器的使用注意事项

① 切勿干烧使用。

② 为保证安全使用，请务必接地线。

③ 为延长产品的使用，所有磁力搅拌器的电机均带有风扇散热功能，故作加热实验时特别是高温加热实验时，该仪器不能单做加热使用，务将电机调至旋转或中速旋转状态（或空转），以防止电机、电器受高温辐射而损坏。如电机不能启动旋转，应及时找经销商予以维修。

④ 做高温加热结束时，请先关加热，待几分钟余温散后再关搅拌。

⑤ 加热部分温度较高，工作时需小心，以免烫伤。

⑥ 有湿手、液体溢出或长期置于湿度过高条件下出现漏电现象，应及时烘干或自然晒干后再用，以免发生危险；长期不用时，请放在干燥无腐蚀气体处保存。环境湿度相对过大时，可能会有感应电透过保温层传至外壳，请务接地线，以免漏电，并注意通风。

二、有机化学实验常用技术及装置

1. 干燥

干燥是有机化学实验中非常普通且十分重要的基本操作。干燥的方法大致有物理方法和化学方法两种。物理方法主要有吸附、分子筛脱水等；化学方法是用干燥剂去水。各类有机物常用干燥剂见表 2-2。

表 2-2　各类有机化合物常用干燥剂

有机化合物类型	干燥剂
烃	$CaCl_2$、Na、P_2O_5
卤代烃	$CaCl_2$、$MgSO_4$、Na_2SO_4、P_2O_5
醇	K_2CO_3、$MgSO_4$、CaO、Na_2SO_4
醚	$CaCl_2$、Na、P_2O_5
醛	$MgSO_4$、Na_2SO_4

续表

有机化合物类型	干燥剂
酮	K_2CO_3、$CaCl_2$、$MgSO_4$、Na_2SO_4
酸、酚	$MgSO_4$、Na_2SO_4
酯	$MgSO_4$、Na_2SO_4、K_2CO_3
胺	KOH、NaOH、K_2CO_3、CaO

(1) 液体有机物的干燥。干燥剂的种类很多，选用干燥剂时应注意：所用的干燥剂不能与被干燥物质发生化学反应，如氯化钙易与醇类、胺类形成络合物，因此氯化钙不能用来干燥这些液体。干燥剂不能溶于液态有机化合物中。还应考虑干燥剂的吸水容量和干燥效能。吸水容量是指单位质量干燥剂吸水量的多少，干燥效能是指达到平衡时液体被干燥的程度。对于形成水合物的无机盐干燥剂，常用吸水后结晶水的蒸气压来表示。例如，硫酸钠形成 10 个结晶水的水合物，其吸水容量为 1.25。氯化钙最多能形成 6 个结晶水的水合物，其吸水容量为 0.97。两者在 25℃ 时水蒸气压分别为 1.92mmHg（1mmHg＝133.322Pa，下同）、0.20mmHg。二者比较，硫酸钠的吸水容量较大，但干燥效能差，而氯化钙的吸水容量较小，但干燥效能强，所以在干燥含水量较多而且不易干燥的化合物时，常先用吸水容量较大的干燥剂，除去大部分水分，然后再用干燥效能强的干燥剂干燥。

在实际操作中，一般干燥剂的用量为每 10mL 液体需 0.5～1g，但不能一概而论。干燥在锥形瓶中进行，干燥前要尽可能把有机物中的水分除去，一般应分批加入干燥剂，每次加后要振荡片刻，并仔细观察，如果干燥剂全部粘在一起，需再加入一些干燥剂，直到出现没吸水的、松动的干燥剂颗粒。静置一定时间，至澄清为止。

(2) 固体有机物的干燥。固体有机物常用的干燥方法如下：

① 自然干燥。适用于干燥在空气中稳定、不分解、不吸附的固

体。干燥时，把待干燥的物体放在干燥洁净的表面皿或其他敞口容器中，薄薄地摊开，任其在空气中通风晾干。这是最简便、最经济的干燥方法。

② 加热干燥。适用于熔点较高且遇热不分解的固体。把待干燥的固体放在表面皿或蒸发皿里，放在烘箱内烘干。注意加热温度必须低于固体有机物的熔点，以免固体分解变色。

③ 红外线干燥。使用红外灯或红外干燥箱干燥，特点是穿透性强，干燥快。如图 2-6。

(a) 普通干燥器　　　　　(b) 真空干燥器　　　　　(c) 红外干燥箱

图 2-6　实验室常用干燥器

④ 干燥器干燥。易吸湿、分解或升华的物质，最好放在干燥器内干燥。常用的有普通干燥器和真空干燥器，如图 2-6。普通干燥器一般适用于保存易潮解的物质。普通干燥器是一种具有磨口盖子的玻璃器皿，内有一块瓷板以放置被干燥物，底部放干燥剂，干燥器内常用的干燥剂有 CaO、$CaCl_2$、硅胶等。使用时，首先将干燥器内壁用干净的布或纸擦净，多孔瓷板可洗净烘干。干燥器的磨口处涂上一层很薄的凡士林，涂好后盖上盖子，推移或转动盖子直到涂油处透明为止。打开盖子时，用左手抵住干燥器身，右手把盖子往后拉或往前推。关闭时将盖子往前推或往后拉，使其密合。真空干燥器的干燥效率较普通干燥器好，真空干燥器上有玻璃活塞，用以抽真空，活塞下端呈弯钩状，口向上；防止在通向大气时，因空气流入太快将固体冲

散，最好另用一表面皿覆盖盛有样品的表面皿。在水泵抽气过程中，干燥器外围最好能以金属丝（或布）围住，以保证安全。

2. 回流

在室温下，有些反应速率很小或难以进行，为了使反应尽快地进行，常常需要使反应物较长时间保持沸腾。在这种情况下，就需要使用回流冷凝装置，使蒸气不断地在冷凝管内冷凝而返回反应器中，以防止反应瓶中的物质逃逸损失。图 2-7 是常用的回流反应装置。

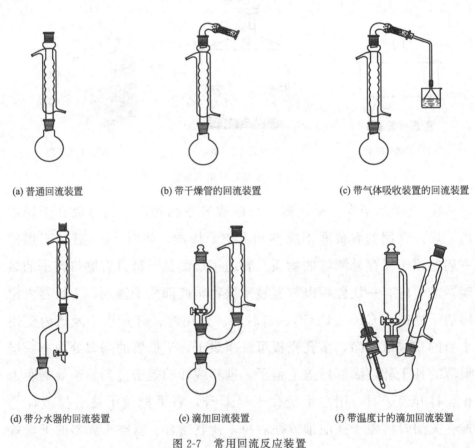

(a) 普通回流装置　　(b) 带干燥管的回流装置　　(c) 带气体吸收装置的回流装置

(d) 带分水器的回流装置　　(e) 滴加回流装置　　(f) 带温度计的滴加回流装置

图 2-7　常用回流反应装置

冷凝水应下进上出，水流速度不必很快，能保持蒸气充分冷凝即可。回流速度应控制在蒸气上升高度不超过冷凝管的 1/3 为宜。

如果反应物怕受潮，可在冷凝管上端口上装接氯化钙干燥管来防止空气中湿气侵入；如果反应中有有害气体放出，可加接气体吸收装置；反应过程需要分离产生的水分时，可加装分水器；对于反应剧烈、放热量大的化学反应，可采用带滴液漏斗的回流装置。

3. 搅拌

有机反应比较慢，特别对于非均相反应，往往需要搅拌以保证反应物之间的充分接触，促进反应的进行。根据不同反应的特点要求，在装置搅拌的同时，可在反应器上加装温度计、回流冷凝管、滴液漏斗等，如图 2-8 所示。

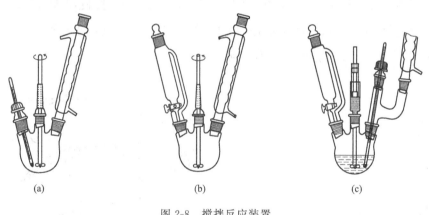

(a)　　　　　　　　(b)　　　　　　　　(c)

图 2-8　搅拌反应装置

4. 蒸馏

蒸馏是利用不同物质沸点不同的性质来进行分离、提纯液体混合物的一种方法。蒸馏包括普通蒸馏、分馏、水蒸气蒸馏和减压蒸馏，根据混合物中各组分沸点的特点可合理选用。

（1）普通蒸馏。又称常压蒸馏。普通蒸馏是有机化学实验中最重要的基本操作之一，在实验室和工业生产中都有广泛的应用。其主要作用是分离沸点相差较大（通常要求相差 30℃以上）且不能形成共沸物的液体混合物；除去液体中的少量低沸点或高沸点杂质；测定液体的沸点；根据沸点变化情况粗略鉴定液体的种类和纯度。普通蒸馏适用于沸点在 40~150℃之间的化合物的分离，沸点高于 150℃时，多数化合物会分解或由于温度高而操作不便。

蒸馏装置一般由汽化、冷凝和接收三个部分组成，其中汽化部分由热源、热浴、蒸馏瓶、蒸馏头、温度计组成，如图 2-9。通常使待蒸液体的体积不超过蒸馏瓶容积的 2/3，也不少于 1/3。温度计的选择应使其量程高于被蒸馏物的沸点至少 30℃。温度计的安装高度应使其水银球在蒸馏过程中刚好全部浸没于气雾之中。为此，在传统型蒸馏头上安装的温度计的高度应使其水银球的上沿与蒸馏头支管口的下沿在同一水平线上，如图 2-9(b) 中 a 所示；在改良型蒸馏头上安装的温度计的高度应使其水银球的上沿与蒸馏头支管拐点的下沿在同一水平线上，如图 2-9(b) 中 b 所示。

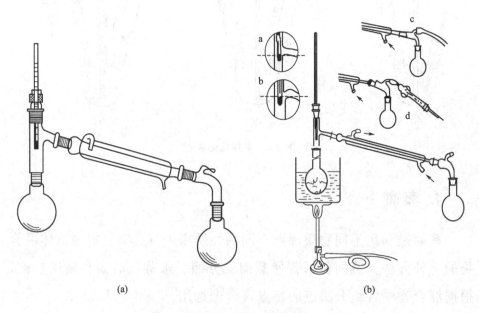

(a)　　　　　(b)

图 2-9　普通蒸馏装置

冷凝管也是根据被蒸馏物的沸点选择的，同时适当考虑被蒸馏物的含量。通常低沸点、高含量的液体选用粗而长的冷凝管；高沸点、低含量的液体则选用细而短的冷凝管。被蒸馏物的沸点在140℃以上选用空气冷凝管；在140℃以下则选用直形冷凝管。如果被蒸馏物的沸点很低，也可选用双水内冷冷凝管，但一般不使用蛇形的或球形的冷凝管，如果必须使用，则应将蛇形的或球形的冷凝管竖直安装，而不能像直形冷凝管那样倾斜安装。

接收瓶可选用圆底瓶或锥形瓶，其大小取决于馏出液体的体积，接收瓶应洁净、干燥，预先称重并贴上标签，以便在接收液体后计算液体的质量。

如果蒸馏出的物质易受潮分解，可在接收器的支管上接一个氯化钙干燥管；如果蒸馏时放出有毒气体，则需装配气体吸收装置；如果蒸馏出的物质易挥发、易燃或有毒，则可在接收器的支管上连接一长橡皮管，通入水槽的下水管内或引出室外。

（2）分馏。利用分馏柱将液体混合物各组分分离开来的操作称为分馏，它是分离沸点相近的液体混合物的主要手段。分馏可依其分离效果优劣粗略地分为简单分馏和精密分馏两大类。分馏装置（如图2-10）与蒸馏装置的不同之处是在蒸馏烧瓶和蒸馏头之间安装了分馏柱。原理就是使混合物在分馏柱内进行多次汽化和冷凝，使易挥发物质从分馏柱顶部分离出来。当分馏柱效率足够高时，从分馏柱顶部出来的物质几乎是纯净的易挥发组

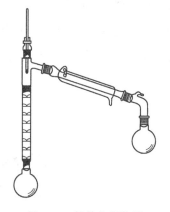

图2-10　简单分馏装置

分，而最后在烧瓶里残留的则几乎是纯净的高沸点组分。

分馏时，选用合适的热浴加热，液体沸腾后要注意调节浴温，使蒸气慢慢升入分馏柱，约10min后蒸气到达柱顶。开始有液体馏出

时，调节浴温使蒸出液体的速度控制在 2～3s 一滴，这样可以得到比较好的分馏效果。观察柱顶温度的变化，收集不同的馏分。

（3）水蒸气蒸馏。常用于蒸馏难溶或不溶于水，并具有一定挥发性（一般在 100℃时，蒸气压不低于 1.33kPa）的有机化合物。适用于：①常压蒸馏时会发生分解的高沸点有机物；②混合物中有大量树脂状杂质或不挥发性杂质，采用普通蒸馏、萃取等方法难以分离；③从较多固体反应物中分离出被吸附的液体。目前，水蒸气蒸馏常用于从植物叶茎中提取香精油以及从中草药中提取挥发油和天然药物。

水蒸气蒸馏有多种装置，但都是由水蒸气发生器和蒸馏装置两部分组成（如图 2-11），这两部分通过 T 形管相连接。①水蒸气发生器。通常是用铜皮或薄铁板制成的圆筒状釜，釜顶开口，侧面装有一根竖直的玻璃管，称为液面计，通过液面计可以观察釜内的水面高低。釜顶开口中插入一支竖直的玻璃管，其下端插至接近釜底，称为安全管。根据安全管内水面的升降情况，可以判断蒸馏装置是否堵塞。②T 形管。T 形管分别与水蒸气发生器和蒸馏装置连接，第三口向下安装。应注意使蒸气的通路尽可能短一些，以免蒸气在进入蒸馏瓶之前过多地冷凝。打开 T 形管上的弹簧夹既可放出在导气管中冷凝下来的积水，又可在蒸馏结束或需要中途停顿时避免蒸馏瓶内的液

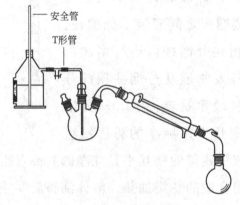

图 2-11　水蒸气蒸馏装置

体倒吸入水蒸气发生器中。③蒸馏装置。通常用三口瓶作为水蒸气蒸馏的蒸馏瓶，可避免转移的麻烦和产物的损失。导入蒸气的导气管应插至蒸馏瓶接近瓶底处。在蒸馏瓶底下隔石棉网安装一盏备用的煤气灯，当蒸馏瓶中积液过多时，可适当加热赶走一部分水。

实验室内若无水蒸气发生器，也可以用大圆底烧瓶代替，其安装如图 2-12。

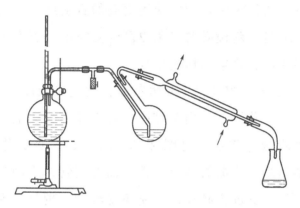

图 2-12　传统的非磨口水蒸气蒸馏装置

水蒸气蒸馏中应该注意的问题有：①要注意液面计和安全管中的水位变化。若水蒸气发生器中的水蒸发将尽，应暂停蒸馏，取下安全管，加水后重新开始蒸馏；若安全管中水位迅速上升，说明蒸馏装置的某一部位发生了堵塞，亦应暂停蒸馏，待疏通后重新开始。②需暂停蒸馏时应先打开 T 形管上的弹簧夹，再移开热源。重新开始时应先加热水蒸气发生器至水沸腾，当 T 形管开口处有水蒸气冲出时再夹上弹簧夹。③要控制好加热强度和冷却水流速使蒸气在冷凝管中完全冷凝下来。④若蒸馏瓶中积水过多，可隔石棉网加热赶出一些。

如果被蒸馏物沸点较低（因而在 100℃ 左右有较高蒸气压），黏度不大，且不是细微的粉末，可采用直接水蒸气蒸馏法。直接水蒸气蒸馏的装置与简单蒸馏相同，只是需选用容积较大的蒸馏瓶。加入被蒸馏物后再充入约相当于瓶容积 1/2 的水，加入沸石，安好装置即可加热蒸馏。

（4）减压蒸馏。是分离提纯沸点较高或稳定性较差的液体以及一些低熔点的固体有机物的常用方法。若使液体表面上的压力降低，则液体沸点降低，高沸点液体即可在较低温度下蒸出。这种在较低压力下进行蒸馏的操作叫减压蒸馏。减压蒸馏的关键在真空度的选择和测量。通常是使液体在 50～100℃ 间沸腾，再据以确定所需用的真空度。如果液体对热很敏感，则应使用更高的真空度。凡是较低的真空度可以满足要求时，就没必要采用更高的真空度。事实上，在有机化学实验中需要使用高真空的情况很少。

① 装置。减压蒸馏装置主要由蒸馏、抽气（减压）、安全保护和测压四部分组成。蒸馏部分由蒸馏瓶、克氏蒸馏头、毛细管、温度计及冷凝管、接收器等组成，见图 2-13、图 2-14。克氏蒸馏头可减少由于液体暴沸而溅入冷凝管的可能性；而毛细管的作用是作为汽化中心，使蒸馏平稳，又起搅拌作用，避免暴沸冲出现象。毛细管口距瓶底 1～2mm，为了控制毛细管的进气量，可在毛细玻璃管上口套一段软橡皮管，橡皮管中插入一段细铁丝，并用螺旋夹夹住。冷凝部分多用直形冷凝管。如果馏出温度在 50℃ 以下，应选用双水内冷的冷凝管；若在 140℃ 以上，应选用空气冷凝管。如果被蒸馏的是低熔点固

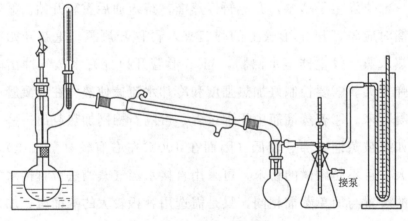

图 2-13　水泵减压蒸馏装置

体，则直接将多股尾接管套接在克氏蒸馏头的支管上。蒸馏液接收部分，接引管（尾接管）和普通蒸馏不同的是，接引管上具有可供接抽气部分的小支管。通常用多尾接引管连接两个或三个梨形或圆形烧瓶，在接收不同馏分时，只需转动接引管，在减压蒸馏系统中切勿使用有裂缝或薄壁的玻璃仪器。尤其不能用不耐压的平底瓶（如锥形瓶等），以防止内向爆炸。抽气部分用减压泵，最常见的减压泵有水泵和油泵两种。油泵的效能决定于油泵的机械结构以及真空泵油的好坏。好的油泵能抽至真空度为 13.3Pa。油泵结构较精密，工作条件要求较严。蒸馏时，如果有挥发性的有机溶剂、水或酸的蒸气，都会损坏油泵及降低其真空度。因此，使用时必须十分注意油泵的保护。安全保护部分一般有安全瓶，一般是配有双孔塞的抽滤瓶，一孔与支管相配组成抽气通路，另一孔安装两通活塞，其活塞以上部分拉成毛细管。安全瓶有三个作用：一是在减压蒸馏的开始阶段通过活塞调节系统内的压强，使之稳定在所需真空度上；二是在实验结束或中途需要暂停时从活塞缓缓放进空气解除真空；三是在遇到水压突降时及时打开活塞以避免水倒吸入接收瓶中，从而保障"安全"地蒸馏。若使用油泵，还必须有冷却阱，分别装有粒状氢氧化钠、块状石蜡及活性炭或硅胶、无水氯化钙等吸收干燥塔，以避免低沸点溶剂，特别是酸和水汽进入油泵而降低泵的真空效能，见图 2-14。所以用油泵减压蒸馏前，必须在常压或水泵减压下蒸除所有低沸点液体和水以及酸、碱性气体。测压部分采用测压计，一般可用图 2-14 中所示的压力计。在不需要测压的情况下也可以不装压力计。

减压蒸馏装置较为复杂，在实际工作中常见有以下两种简化的装置，可满足大多数场合的要求：a. 用磁力搅拌代替毛细管。在磁子搅拌下进行减压蒸馏，可满足大多数实验的要求，不足是不能提供惰性气体保护。b. 用高效冷却剂代替干燥塔的作用。若使用高效冷却剂，则那些气体基本冷凝完全而滞留在冷却阱中，不致进入油泵，就

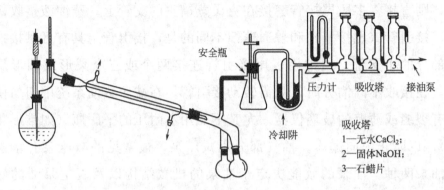

图 2-14　油泵减压蒸馏装置

可省去装置中的干燥塔。较为易得的高效冷却剂是干冰。

② 操作方法。仪器安装好后，先检查系统是否漏气，方法是：关闭毛细管，减压至压力稳定后，夹住连接系统的橡皮管，观察压力计水银有无变化，无变化说明不漏气，有变化即表示漏气。为使系统密闭性好，磨口仪器的所有接口部分都必须用真空油脂润涂好，检查仪器不漏气后，加入待蒸的液体，量不要超过蒸馏瓶的一半，关好安全瓶上的活塞，开动抽气泵，调节毛细管导入的空气量，以能冒出一连串小气泡为宜。当压力稳定后，开始加热。液体沸腾后，应注意控制温度，并观察沸点变化情况。待沸点稳定后，转动多尾接引管接收馏分，蒸馏速度以 0.5～1 滴/s 为宜，蒸馏完毕，除去热源，慢慢旋开夹在毛细管上的橡皮管的螺旋夹，待蒸馏瓶稍冷后再慢慢开启安全瓶上的活塞，平衡内外压（若开得太快，水银柱很快上升，有冲破测压计的可能），然后再关闭抽气泵。

③ 注意事项。a. 被蒸馏液体若含有低沸点物质时，通常先进行普通蒸馏，再进行水泵减压蒸馏，而油泵减压蒸馏应在水泵减压蒸馏后进行。b. 装置完成后，先旋紧橡皮管上的螺旋夹，打开安全瓶上的二通活塞，使体系与大气相通，启动泵抽气，逐渐关闭二通活塞，注意观察瓶内的鼓泡情况，如发现鼓泡太剧烈，有冲料危险，立即将二通活塞旋开些。从压力计上观察体系内压力应符合要求，然后小心

旋开二通活塞，同时注意观察压力计上的读数，调节体系内压力到所需值（根据沸点与压力关系）。c. 在系统充分抽空后通冷凝水，再加热（一般用油浴）蒸馏，一旦减压蒸馏开始，就应密切注意蒸馏情况，调节体系内压，经常记录压力和相应的沸点值，根据要求，收集不同馏分。d. 蒸馏完毕，移去热源，待蒸馏瓶冷后再慢慢旋开螺旋夹（防止倒吸），同时慢慢打开安全瓶的二通活塞，平衡内外压，使测压计的水银柱慢慢地回复原状（若打开得太快，水银柱很快上升，有冲破测压计的可能），然后关闭抽气泵和冷却水。e. 减压蒸馏时，可用水浴、油浴、空气浴等加热，浴温较蒸馏物沸点高 30℃以上。f. 加样时应用玻璃漏斗，以防磨口污染而引起漏气。g. 实验完毕，所用的玻璃仪器要擦净真空脂，洗净后再烘干，以免磨口处因炭化发黑，再洗净十分困难。

蒸馏（包括回流等）装置的安装及操作要注意以下事项。

① 首先要选择合适的仪器。如圆底烧瓶的大小应使反应物占烧瓶容量的 1/3～2/3；冷凝管应根据用途及液体沸点的不同进行选择，回流应选用球形冷凝管；蒸馏时，沸点在 140℃以下的采用直形冷凝管，沸点在 140℃以上的用空气冷凝管。

② 装配时，应首先根据热源选准反应器的位置，并用铁夹固定反应器，然后按照先下后上、从左至右的顺序逐个安装，拆卸时，按相反顺序逐个拆卸。

③ 玻璃易碎，必要的地方应使用铁夹固定，铁夹的双钳内侧应贴有橡皮或绒布等，否则容易损坏仪器。

④ 用于固定铁夹的夹口应向上，以避免夹有玻璃仪器的铁夹滑落。

⑤ 在常压下进行反应的装置，应与大气相通，不能密闭。

⑥ 加热前，要加入沸石。若已经加热，发现未加沸石，要待液体稍冷后再加沸石，切忌在沸腾或接近沸腾的溶液中加入沸石，这样

会引起暴沸。如加热中断，重新加热时，应重新加入沸石，因原来沸石的小孔已经被液体充满，不能再起汽化中心的作用。

5. 萃取

使溶质从一种溶剂中转移到与原溶剂不相混溶的另一种溶剂中，或使固体混合物中的某种或某几种成分转移到溶剂中去的过程称为萃取，也称提取。萃取是有机化学实验中富集或纯化有机物的重要方法之一。被萃取的物质可以是固体、液体或气体。依据被提取对象的状态不同而有液-液萃取和固-液萃取之分，依据萃取所采用的方法的不同而有分次萃取和连续萃取之分。

（1）液-液分次萃取。液-液分次萃取的仪器是分液漏斗（图 2-15）。其中（a）为球形分液漏斗，（b）为长梨形分液漏斗。漏斗越长，振摇之后分层所需的时间也越长。萃取时选用的分液漏斗的容积应为被萃取液体体积的 2～3 倍。活塞小心涂上真空脂或凡士林，向一个方向旋转至透明。分液漏斗顶部的塞子不涂凡士林，只要配套不漏气即可。将分液漏斗架在铁圈上，关闭下部活塞，加入被萃取溶液，再加进萃取剂（一般为被萃取溶液体积的 1/3 左右），总体积不得超过分液漏斗容积的 3/4。塞上顶部塞子（较大的分液漏斗塞子上有通气侧

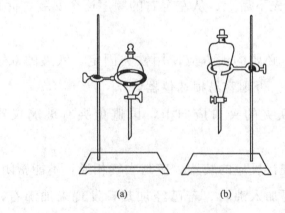

(a)　　　　(b)

图 2-15　分液漏斗

槽，漏斗颈部有侧孔，应稍加旋动，使通气槽与侧孔错开），取下分液漏斗，用右手手掌心顶紧漏斗上部的塞子，手指弯曲抓紧漏斗颈部（若漏斗很小，也可抓紧漏斗的肩部）。以左手托住漏斗下部将漏斗放平，使漏斗尾部靠近活塞处枕在左手虎口上，并以左手拇指、食指和中指控制漏斗的活塞，使可随需要转动，如图 2-16 所示。然后将左手抬高使漏斗尾部向上倾斜并指向无人的方向，小心旋开活塞"放气"一次，关闭活塞轻轻振摇后再"放气"一次，并重复操作。当使用低沸点溶剂，或用碳酸氢钠溶液

图 2-16　分液漏斗的握持方法

萃取酸性溶液时，尤其要注意及时"放气"。每次"放气"之后，要注意关好活塞，再重复振摇。振摇的目的是为了提高萃取效率，因此振摇应该剧烈（对于易汽化的溶剂，开始振摇时可以稍缓和些）。振摇结束时，打开活塞做最后一次"放气"，然后将漏斗重新放回铁圈上去。旋转顶部塞子，使出气槽对准小孔，静置分层。分层后，下层液体经活塞放入干燥的锥形瓶中，而上层液体从上口倒入干燥的锥形瓶中。萃取结束后，将所有的有机溶液合并，加入适当的干燥剂干燥，滤除干燥剂后蒸去溶剂。一般情况下，液层分离时密度大的溶剂在下层。如果遇到两液层分辨不清时，可用简便方法检定：在任一层中取小量液体加入水，若不分层说明取液的一层为水层，否则为有机层。在萃取操作中，有时会遇到水层与有机层难以分层的现象，需采取相应的措施：①若萃取溶剂与水层的密度较接近时，可能发生难以分层的现象。在这种情况下，只要加入一些溶于水的无机盐（通常用氯化钠），增大水层的密度，即可迅速分层。②若因萃取溶剂与水部分互溶而产生乳化，只要静置时间较长一些就可以分层。③若被萃取液中存在少量轻质固体，在萃取时常聚集在两相交界面处使分层不明显时，只要将混合物抽滤后重新分液，问题就解决了。④若因萃取液

呈碱性而产生乳化，加入少量稀硫酸，并轻轻振摇常能使乳浊液分层。⑤若被萃取液中含有表面活性剂而造成乳化时，只要条件允许，即可用改变溶液 pH 值的方法来使之分层。此外，还可根据不同情况，采用加入醇类化合物改变其表面张力、加热破坏乳化等方法处理。

（2）液-液连续萃取。当有机化合物在被萃取液体中的溶解度大于在萃取剂中的溶解度时，必须采用连续萃取的方法，使较少的溶剂一边萃取一边蒸发、再生并重复循环地使用。在进行液-液连续萃取时，需根据萃取剂与被萃取液的密度大小选用不同的萃取器。图 2-17 为重溶剂萃取器。它适宜于用密度较大的溶剂从密度较小的溶液中萃取有机物，如用氯仿萃取水溶液中的有机物。萃取时加热支管下部的圆底瓶，蒸气沿上支管升腾进入冷凝管，冷凝的液滴在下落途中穿过轻质溶液并对之萃取，然后落入底部萃取剂层中。萃取剂的液面升至一定高度后，即从下支管流回圆底瓶中，继续蒸发萃取。若萃取剂密度小于溶液密度时，萃取剂就不能自上而下穿过溶液层，这时宜采用图 2-18 所示的轻溶剂萃取器。它是让从冷凝管中滴下的轻

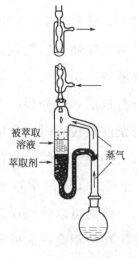

图 2-17　重溶剂萃取器

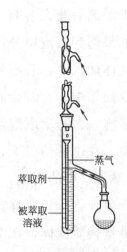

图 2-18　轻溶剂萃取器

质萃取剂进入内管，内管液面高于外管液面，靠这段液柱的压力将轻
质萃取剂压入底部，并从内管下部的多孔小球泡中逸出进入外管，轻
质萃取剂即可自下而上地穿过较重的溶液层并对其萃取。当萃取剂液
面升至支管口时，即从支管流入圆底瓶，在圆底瓶中受热蒸发重新进
入冷凝管。

（3）固-液分次萃取。这种方法的萃取阶段很像民间"泡药酒"
的方法，由于需用溶剂量大，费时长，萃取效率不高，实验室中较少
使用。

（4）固-液连续萃取。在实验室里，从固体物质中萃取所需要的
成分，通常是在如图 2-19 所示的 Soxhlet 提取器（索氏提取器，也
叫脂肪提取器）中进行的。萃取前先将固体物质研细，装进一端用
线扎好的滤纸筒里，轻轻压紧，再盖上一层直径略小于纸筒的滤纸
片，以防止固体粉末漏出堵塞虹吸管。滤纸筒上口向内叠成凹形，
滤纸筒的直径应略小于萃取器的内径，以便于取放。筒中所装的固
体物质的高度应低于虹吸管的最高点，使萃取剂能充分浸润被萃取
物质。将装好了被萃取固体的滤纸筒放进萃取器中，萃取器的下端
与盛有溶剂的圆底（或平底）烧瓶相连，上端接回流冷凝管。加热
烧瓶使溶剂沸腾，蒸气沿侧管上升进入冷凝管，被冷凝下来的溶剂
不断地滴入滤纸筒的凹形位置。当萃取器内溶剂的液面超过虹吸管
的最高点时，因虹吸作用萃取液自动流入圆底烧瓶中并再度被蒸
发。如此循环往复，被萃取的成分就会不断地被萃取出来，并在圆
底烧瓶中浓缩和富集。然后用其他方法分离纯化。若无索氏提取
器，也可用恒压滴液漏斗代替（如图 2-20），在萃取剂淹没了被萃
取固体 1～2cm 后，手动旋开恒压滴液漏斗的活塞到合适位置，使
恒压滴液漏斗的滴液速度与回流冷凝液的下滴速度相等，维持恒压
滴液漏斗中液面的高度即可。

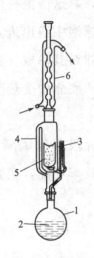 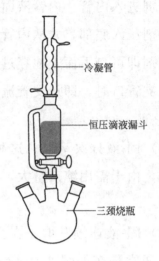

图 2-19　索氏提取器　　　　图 2-20　连续回流提取装置

1—烧瓶；2—萃取溶剂；3—虹吸管；

4—侧管；5—被萃取物；6—冷凝管

6. 重结晶

用适当的溶剂把含有杂质的晶体物质溶解，配制成接近沸腾的浓热溶液，趁热滤去不溶性杂质，使滤液冷却析出结晶，滤集晶体并做干燥处理的联合操作过程叫做重结晶（recrystallization）或再结晶，有时也简称结晶。重结晶是纯化晶态物质的最常用的方法之一。当晶态物质数量巨大时，重结晶实际上是唯一的纯化方法。重结晶的操作步骤如下：

（1）选择溶剂。溶剂选择是重结晶最关键之处。从文献查出的溶解度数据或从被提纯物结构导出的关于溶解性能的推论都只能作为选择溶剂的参考，而溶剂的最后选定还是要靠实验。选择溶剂的实验方法为：①单一溶剂的选择。取 0.1g 样品置于干净的小试管中，用滴管逐滴滴加某一溶剂，并不断振摇，当加入溶剂的量达 1mL 时，可在水浴上加热，观察溶解情况，若该物质（0.1g）在 1mL 冷的或温热的溶剂中很快全部溶解，说明溶解度太大，此溶剂不适用。如果该物质不溶于 1mL 沸腾的溶剂中，则可逐步添加溶剂，每次约 0.5mL，加热至沸，若加溶剂量达 4mL，而样品仍然不能全部溶解，说明溶剂对该物质的溶解度太小，必须寻找其他溶剂。若该物质能溶于 1～4mL 沸腾的溶剂中，冷却后观察结晶析出情况，若没有结晶析出，可用玻璃棒擦刮管壁或者辅以冰盐浴冷却，促使结晶析出。若晶体仍然不能析出，则此溶剂也不适用。若有结晶析出，还要注意结晶析出量的多少，并要测定熔点，以确定结晶的纯度。最后综合几种溶剂的实验数据，确定一种比较适宜的溶剂。这只是一般的方法，实际情况往往复杂得多，选择一个合适的溶剂需要进行多次反复的实验。
②混合溶剂的选择。a. 固定配比法。将良溶剂与不良溶剂按各种不同的比例相混合，分别像单一溶剂那样实验，直至选到一种最佳的配比。b. 随机配比法。先将样品溶于沸腾的良溶剂中，趁热过滤除去不溶性杂质，然后逐滴滴入热的不良溶剂并摇振之，直至浑浊不再消失为止。再滴加少许良溶剂并加热使之溶解变清，放置冷却使结晶析出。如冷却后析出油状物，则需调整比例再进行实验或另换别的混合溶剂。

（2）溶样。用有机溶剂进行重结晶时，使用回流装置。将样品置于圆底烧瓶或锥形瓶中，加入比需要量略少的溶剂，投入几粒沸石，开启冷凝水，开始加热并观察样品溶解情况。

沸腾后用滴管自冷凝管顶端分次补加溶剂，直至样品全溶。此时若溶液澄清透明，无不溶性杂质，即可撤去热源，室温放置，使晶体析出；若有不溶性杂质，则补加适量溶剂，继续加热至沸后，进行热过滤操作；若溶液中含有有色杂质或树脂状物质，则需补加适量溶剂，并进行脱色操作。在以水为溶剂进行重结晶时，可以用烧杯溶样，隔石棉网加热，其他操作同前，只是需估计并补加因蒸发而损失的水。如果所用溶剂是水与有机溶剂的混合溶剂，则按照有机溶剂处理。在溶样过程中应注意以下问题：①热源的选择可参考《无机化学实验指导》。②若溶剂的沸点高于样品的熔点，则一般不可加热至沸，而应使样品在其熔点温度以下溶解，否则在冷却结晶操作中也会析出油状物。当以水为溶剂时，虽然样品的熔点高于100℃，有时也会在溶样过程中出现油状物，这是由于样品与杂质形成了低共溶物，只需继续加水即可溶解，而且也不会在冷却结晶过程中出现油状物，所以对油状物应根据具体情况具体处理。③溶剂的用量应适当。如不需要热过滤，则溶剂的用量以恰能溶完为宜。如需要热过滤，则应使溶剂适当过量。一般过量20%左右。④在实际操作中究竟是样品尚未溶完，还是其中含有不溶性杂质往往难于判断。遇到难于判断的情况时可先将热溶液过滤，再收集滤渣加溶剂热溶，然后再次热过滤。将两份滤液分别放置冷却，观察后一份滤液中是否有晶体析出。如有，则说明原来溶样时溶剂用量不足或需要更长时间才能溶完；如不析出结晶，则说明样品中含有较多不溶性杂质。

（3）脱色。向溶液中加入吸附剂并适当煮沸，使其吸附掉样品中的杂质的过程叫脱色。最常使用的脱色剂是活性炭，其用量视杂质多少而定，一般为粗样品重量的1%～5%。如果一次脱色不彻底，可再进行第二次脱色，但不宜过多使用，以免样品过多损耗。脱色剂应在样品溶液稍冷后加入。不允许将脱色剂加到正在沸腾的溶液中去，否则将会引起暴沸甚至造成起火燃烧。脱色剂加入后可煮沸数分钟，同时将烧瓶连同铁架台一起轻轻摇动，如果是在烧杯中用水作溶剂时可用玻璃棒搅拌，以使脱色剂迅速分散开。煮沸时间不宜过长。

（4）热过滤。热过滤即趁热过滤以除去不溶性杂质、脱色剂及吸附于脱色剂上的其他杂质。热过滤的方法有两种，即常压过滤和减压过滤（参考《无机化学实验指导》）。只是常压过滤时应采用短颈（或无颈）三角漏斗以避免或减少晶体在漏斗颈中析出，同时采用伞形滤纸（图 2-21）以加快过滤速度。

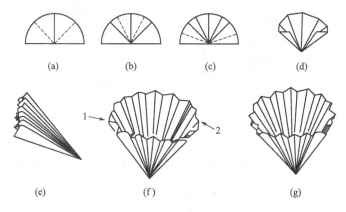

图 2-21　折叠滤纸的方法

滤纸的折法如图 2-21 所示。取一张大小合适的圆形滤纸对折成半圆形［图 2-21(a)］，再对折成 90°的扇形［图 2-21(b)］，继续向内对折［图 2-21(c)］把半圆分成 8 等份［图 2-21(d)］，最后在 8 个等份的各小格中间向相反方向对折，即得 16 等份的折扇形排列［图 2-21(e)］。将其打开，外形如图 2-21(f)，再在 1 和 2 两处各向内对折一次，展开后如图 2-21(g) 所示，即为伞形滤纸。靠近滤纸中心处折纹密集，在折叠过程中不宜重力推压，以免磨损降低牢度，在过滤时破裂。在使用之前应将折好的滤纸小心翻转，使折叠过程中被手指触摸弄脏的一面向内，以免其污染滤液。热过滤的关键是要保证溶液在较高温度下通过滤纸。为此，在过滤前应把漏斗放在烘箱中预热方可使用，对于极易析出晶体的溶液，当需要过滤的液量较多时，最好使用保温漏斗过滤。

保温漏斗如图 2-22 所示。其中（a）最为常见，它是一个用铜皮制作的双层漏斗。使用时在夹层中注入约 3/4 容积的水，安放在铁圈上，将玻璃三角漏斗连同伞形滤纸放入其中，在支管端部加热，至水沸腾后过滤。在热滤的过程中漏斗和滤纸始终保持在约 100℃。

（5）冷却结晶。将热滤液冷却，溶解度减小，溶质即可部分析

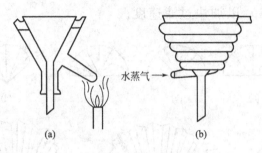

水蒸气→

(a)   (b)

图 2-22　保温漏斗

出。此步的关键是控制冷却速度，使溶质真正成为晶体析出并长到适当大小，而不是以油状物或沉淀的形式析出。一般说来，若将滤液迅速冷却并剧烈搅拌，则所析出的晶体很细。若将滤液静置并缓缓降温，得到的晶体较大，但也不是越大越好，因为过大的晶体中包夹母液的可能性也大。通常控制冷却速度使晶体在数十分钟至十数小时内析出，而不是在数分钟或数周内析出，析出的晶粒大小在 1.5mm 左右为宜。为此，可将热滤液在室温下静置缓缓冷却；或置于热水浴中随同热水一起缓缓冷却。如果有时溶液虽已达到过饱和状态，仍不析出结晶，这时可用玻璃棒摩擦器壁或投入晶种（即同种溶质的晶体），帮助形成晶核。若没有晶种，也可用玻璃棒蘸一点溶液，让溶剂挥发得到少量结晶，再将该玻璃棒伸入溶液中搅拌，该晶体即作为晶种，使结晶析出。在冰箱中放置较长时间，也可使结晶析出。有时从溶液中析出的不是结晶而是油状物，最好改换其他溶剂。也可做如下处理：①增加溶剂，使溶液适当稀释，但这样会使结晶收率降低。②慢慢冷却，及时加入晶种。③将析出油状物的溶液加热重新溶解，然后让其慢慢冷却，当刚刚有油状物析出时便剧烈搅拌，使油状物在均匀分散状况下固化。

（6）滤集晶体。要把结晶从母液中分离出来，一般采用布氏漏斗或砂芯漏斗进行抽滤。为了除去晶体表面的母液，可用少量的新鲜溶剂洗涤。洗涤时应首先打开安全瓶上活塞，解除真空，再加入洗涤溶剂，用刮刀或玻璃棒将晶体小心地挑松（注意不要将滤纸弄破或松动），使全部晶体浸润，然后再抽干。一般洗涤 1～2 次即可。如果所用溶剂沸点较高，挥发性太小，不易干燥，则可选用合适的低沸点溶剂将原来的溶剂洗去，以利干燥。

（7）晶体的干燥。抽滤收集的产品必须充分干燥，以除去吸附在晶体表面的少量溶剂。应根据所用溶剂及晶体的性质来选择干燥的方法。不吸潮的产品，可放在表面皿上，盖上一层滤纸在室温放置数天，让溶剂自然挥发（即空气晾干），也可用红外灯烘干。对那些数量较大或易吸潮、易分解的产品，可放在真空恒温干燥箱中干燥。如要干燥少量的标准样品，或送分析测试样品，最好用真空干燥箱在适当温度下减压干燥 2～4h。干燥后的样品应立即储存在干燥器中。

（8）测定熔点。将干燥好的晶体准确测定熔点，以决定是否需要再作进一步的重结晶。

以上是重结晶的完整的一般性操作步骤，一次具体的重结晶实验究竟需要多少步，可根据实际情况决定。如果已经指定了溶剂，则选择溶剂一步可省去。如果制成的热溶液没有颜色，也没有树脂状杂质，则脱色一步可省去。如果同时又无不溶性杂质，则热过滤一步也可省去。如果确知一次重结晶可以达到要求的纯度，则熔点测定亦可省去。

7. 升华

（1）升华的基本原理。很多固体物质受热时不经过液态就能直接汽化为蒸气，其蒸气又直接冷凝为固体，这一过程就称为升华。利用升华可除去不挥发性杂质，或分离不同挥发度的固体混合物，所以升华是纯化固体无机物和有机物的又一种方法。升华与重结晶相比，其优点是能得到很纯净的产品，并且在微量时也适宜。其缺点是操作时间长，损失较大。实验室一般用于较少量（1～2g）化合物的纯化。

为了了解控制升华的条件，首先应研究固、液、气三相平衡。图

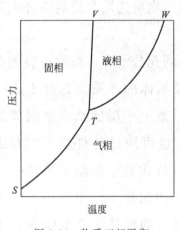

图 2-23 所示为物质的三相平衡图；ST 表示固相与气相平衡时固相的蒸气压曲线。TW 是液相与气相平衡时液体的蒸气压曲线。TV 表示固相与液相的平衡曲线。T 为三相点，在这一温度和压力下，固、液、气三相处于平衡状态。从图 2-23 可见，在三相点以下，物质只有固、气两相，若升高温度，固态不经过液态而直接变成蒸气；若降低温度，蒸气不经过液态而直接变成固态。因此，一般的升华操作皆应在三相点温度以下进行。若固态物质在三相点温度以下的蒸气压很高，则汽化速率很大，这样就很容易地从固态直接变为蒸气，而且此物质的蒸气压随温度降低而下降非常显著，稍一降温即可由蒸气变为固体。因此，这类固体物质可容易地在常压下用升华的方法来纯化。若固体物质在三相点温度以下的蒸气压比较低，则在常压下升华速率很低，为了提高升华速率，可以在减压下进行升华，也可以采用一个简单有效的方法：将化合物加热至熔点以上，使具有较高蒸气压，同时通入空气或惰性气体来带出蒸气，促使蒸发速率增快，并可降低被纯化物质的分压，使蒸气不被液化而直接凝成固体。

（2）常压升华。常压升华装置如图 2-24 所示。常压升华操作如下：在蒸发皿中放置碾细的粗产物，铺均匀，上面覆盖一张直径略小于蒸发皿的穿有许多小孔的滤纸，然后将大小合适的玻璃漏斗倒扣在上面，漏斗的颈部用棉花塞住，防止蒸气逸出，在石棉网上渐渐加热蒸发皿（最好采用砂浴），控制浴温（低于被升华物质的熔点）和升

华速率（慢慢升华，若升华速率太快，会导致微晶的生成，使升华物的纯度差），蒸气通过滤纸小孔上升。冷却后凝结在滤纸上或漏斗壁上。

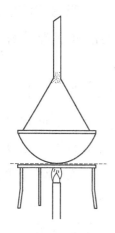 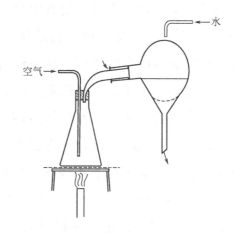

图 2-24 升华少量物质的装置   图 2-25 在空气或惰性气流中物质的升华装置

通入空气或惰性气体进行升华的装置见图 2-25。当物质开始升华时通入空气或惰性气体，以带出升华物质，遇冷（或用自来水冷却）即冷凝于壁上。

（3）减压升华。减压升华装置如图2-26 所示，其操作是：把待升华的固体物质放入吸滤管中，将装有指形冷凝管的橡皮塞塞紧管口，利用水泵或油泵减压，接通冷凝水流，将吸滤管浸入水浴或油浴中缓缓加热，使之升华，升华物质冷凝于指形冷凝管的表面。

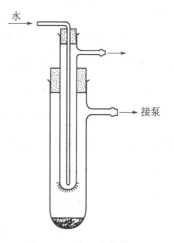

图 2-26 减压升华装置

8. 色谱

色谱法亦称为层析法、色层法。色谱法是分离、纯化和鉴定有机化合物的重要方法之一。按其分离原理可分为吸附色谱、分配色谱、离子交换色谱及排阻色谱等；根据操作条件的不同，又可分为柱色谱、薄层色谱、纸色谱、气相色谱及高速（压）液相色谱等类型。色谱法的基本原理是利用混合物各组分在某一物质中的吸附或溶解性能（分配）的不同，或其亲和性的差异，使混合物的溶液流经该种物质进行反复的吸附或分配作用，从而使各组分分离。

吸附色谱法主要是以氧化铝、硅胶等为吸附剂，将一些物质自溶液中吸附到它的表面上，而后用溶剂洗脱或展开，利用不同化合物受到吸附剂的不同吸附作用，和它们在溶剂中不同的溶解度，也就是利用不同化合物在吸附剂上和溶液之间分布情况的不同而得到分离。例如 A 和 B 两种化合物混合在一起，当它们的溶液通过氧化铝柱时，A 和 B 都被吸附，吸附后用极性较大的溶剂冲洗氧化铝柱时，溶剂就代替 A 和 B 的位置，被氧化铝吸附，A 和 B 被溶剂溶解（即解吸），随着溶剂自上而下移动，在移动过程中，A 和 B 遇到新的氧化铝时，又被吸附，上面溶剂继续流下来，A 和 B 又被溶解，如此反复进行，也就是 A 和 B 被氧化铝吸附，被溶剂溶解，再吸附，再溶解，因此自上而下慢慢移动，如 A 的极性较大，则氧化铝对其吸附性较强，在溶剂中溶解度较大，也就移动得快些。随着溶剂的冲洗，二者逐渐分离，最后达到完全分离的目的。如果继续用溶剂冲洗，B 必定先被冲洗出来，而后 A 被冲洗出来。多种化合物混合在一起，它们的分离原理也是一样，只是更复杂一些。吸附色谱分离可采用柱色谱和薄层色谱两种方式。

分配色谱主要是利用混合物的组分在两种不相溶的液体中分布情况不同而得到分离。相当于一种连续性溶剂萃取方法。这样的分离不经过吸附过程，仅由溶剂的萃取来完成。固定在柱内的液体称为固定相，用做冲洗的液体叫做流动相（移动相）。为了使固定相固定在柱内，需要一种固体如纤维素、硅胶或硅藻土等来吸住它，称为载体或叫担体。载体本身没有吸附能力，对分离不起什么作用，只是用来使固定相停留在柱内。进行分离时，也是先将含有固定相的载体装在柱内，加入试样溶液后，用适当的溶剂进行洗脱。在洗脱过程中，移动相和固定相进行接触。由于试样各组分在两相之间的分配不同，因此被移动相带着向下移动的速度也不同，易溶于移动相的组分移动得快些，而在固定相中溶解度大的组分就移动得慢些，因此得到分离。分配色谱可采用柱色谱和薄层色谱两种方式。纸色谱也属于分配色谱。

色谱法在有机化学中的应用主要包括以下几个方面。

① 分离混合物：一些结构类似、理化性质也相似的化合物组成的混合物，一般应用化学方法分离很困难，但应用色谱法分离，有时可得到满意的结果。

② 精制提纯化合物：有机化合物中含有少量结构类似的杂质，不易除去，可利用色谱分离除去杂质，得到纯品。

③ 鉴定化合物：在条件完全一致的情况下，纯的化合物在薄层色谱或纸色谱中都呈现一定的移动距离，称比移值（R_f 值），所以利用色谱法可以鉴定化合物的纯度或确定两种性质相似的化合物是否为同一物质。但影响比移值的因素很多，如薄层的厚度，吸附剂颗粒的大小，酸碱性，活性等级，外界温度和展开剂纯度、组成、挥发性等。所以，要获得重现的比移值就比较困难。为此，在测定某一试样时，最好用已知样品。

④ 观察一些化学反应是否完成，可以利用薄层色谱或纸色谱观察原料斑点的逐步消失，以证明反应完成与否。

（1）柱色谱。柱色谱常用的有吸附色谱和分配色谱两种。吸附色谱常用氧化铝和硅胶为吸附剂。分配色谱以硅胶、硅藻土和纤维素为支持剂，以吸附较大量的液体作为固定相。下面主要介绍以氧化铝为吸附剂的柱色谱分离方法。

① 吸附剂。常用的吸附剂有氧化铝、硅胶、氧化镁、碳酸钙和活性炭等。一般多用氧化铝，商品有专供色谱用氧化铝。柱色谱用的

氧化铝以通过 100～150 目筛孔的颗粒为宜。颗粒太粗，溶液流出太快，分离效果不好。颗粒太细，表面积大，吸附能力高，但溶液流速太慢，因此应根据实际需要而定。供色谱使用的氧化铝有酸性、中性和碱性三种。碱性氧化铝适用于烃类化合物、生物碱以及其他碱性化合物的分离。它的水提取物 pH 为 9～10。中性氧化铝应用最广，适用于醛、酮、醌以及酯类化合物的分离，其水提取液 pH＝7.5。酸性氧化铝适用于有机酸类的分离，其水溶液提取液 pH 值为 4～4.5。

氧化铝的活性有Ⅰ～Ⅴ五级，Ⅰ级的吸附作用太强，Ⅴ级的吸附作用太弱。所以一般常采用Ⅱ、Ⅲ级。

多数吸附剂都能强烈地吸水，而且水不易被其他化合物置换，因此其活性降低，且降低的程度与含水量有关。如氧化铝放在高温炉（350～400℃）烘烤 3h，得无水物，加入不同量的水分，即可得到不同程度的活性氧化铝。见表 2-3，如要制备 3 级氧化铝，可在无水氧化铝中加入 6％的水即成。具体操作：称取无水氧化铝 940g，放入圆底烧瓶中并立即塞紧；另在一烧杯中，加入 50mL 蒸馏水（略少于计算量），逐渐将烧瓶中的氧化铝加入到烧杯中，搅拌均匀使之不再有黏结现象，然后将此烧杯中的氧化铝倒入原来的圆底烧瓶中，振摇3h，测定活性，得到约为Ⅲ级活性氧化铝。

表 2-3　吸附剂活性和含水量的关系

活性等级	Ⅰ	Ⅱ	Ⅲ	Ⅳ	Ⅴ
氧化铝加水量/％	0	3	6	10	15
硅胶加水量/％	0	5	15	25	38

② 溶质的结构和吸附能力。化合物的吸附性和它们的极性成正比，化合物分子中含有极性较大的基团其吸附性较强。氧化铝对各种化合物的吸附性按下列顺序递减。

酸、碱＞醇、胺、硫醇＞酯、醛、酮＞芳香族化合物＞卤代物、醚＞烯＞饱和烃。

③ 溶解试样的溶剂。试样溶剂的选择是重要的一环，通常根据被分离化合物中各种成分的极性、溶解度和吸附剂活性等来考虑：

a. 溶剂要求较纯，如氯仿中含有乙醇、水分及不挥发物质，都会影响试样的吸附和洗脱。

b. 溶剂和氧化铝不能起化学反应。

c. 溶剂的极性应比试样极性小一些，否则试样不易被氧化铝吸附。

d. 溶剂对试样的溶解度不能太大，否则影响吸附；也不能太小，如太小，溶液的体积增加，易使色谱分散。

e. 有时可使用混合溶剂，如有的组分含有较多的极性基团，在极性小的溶剂中溶解度太小，也可先选用极性较大的溶剂溶解，而后加入一定量的非极性溶剂，这样既降低了溶液的极性，又减少了溶液的体积。

④ 洗脱剂。试样吸附在氧化铝柱上后，用合适的溶剂进行洗脱，这种溶剂被称为洗脱剂。如果原来用于溶解试样的溶剂冲洗柱子不能达到分离的目的，可改用其他溶剂。一般极性比较大的溶剂影响试样和氧化铝之间的吸附，容易将试样洗脱下来，达不到将试样逐一分离的目的。因此常使用一系列极性渐次增大的溶剂。为了逐渐提高溶剂的洗脱能力和分离效果，也可用混合溶剂作为过渡。先用薄层选择好适宜溶剂。常用洗脱溶剂的极性按以下次序递增。

乙烷、石油醚＜环己烷＜四氯化碳＜三氯乙烯＜二硫化碳＜甲苯＜苯＜二氯甲烷＜三氯甲烷＜乙醚＜乙酸乙酯＜丙酮＜丙醇＜乙醇＜甲醇＜水＜吡啶＜乙酸。

⑤ 柱色谱操作步骤

a. 装柱。色谱柱的大小，视处理量而定，见表2-4，装置如图2-27，先用洗液洗净色谱柱，用水清洗过后再用蒸馏水清洗、干燥。在玻璃管底铺一层玻璃棉或脱脂棉，轻轻塞紧，再在玻璃棉上盖一层厚约

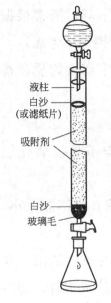

液柱

白沙
（或滤纸片）

吸附剂

白沙
玻璃毛

图 2-27　色谱柱

0.5cm 的石英砂（或用一张比柱直径略小的滤纸代替），而后将氧化铝装入管内。装入的方法分湿法和干法两种。湿法是将备用的溶剂装入管内，约为柱高的 3/4，而后将氧化铝和溶剂调成糊状，慢慢地倒入管中。此时应将管的下端旋塞打开，控制流出速度为 1 滴/s。用木棒或套有橡皮管的玻璃棒轻轻敲击柱身，使装填紧密，当装入量约为柱的 3/4 时，再在上面加一层 0.5cm 的石英砂或一小圆滤纸、玻璃棉或脱脂棉，以保证氧化铝上端顶部平整，不受流入溶剂干扰，如果氧化铝顶端不平，将易产生不规则的色带。操作时应保持流速，注意不能使液面低于砂子的上层，上面装一溶剂瓶。整个装填过程中不能使氧化铝有裂缝或气泡，否则影响分离效果。

表 2-4　色谱柱大小、吸附剂量及试样量

试样量/g	吸附剂量/g	柱的直径/mm	柱高/mm
0.01	0.3	3.5	30
0.10	3.0	7.5	60
1.00	30.0	16.0	130
10.00	300.0	35.0	280

干法是在管的上端放一干燥漏斗，使氧化铝均匀地经干燥漏斗成一细流慢慢装入管中，中间不应间断，时时轻轻敲打柱身，使装填均匀，全部加入之后，再加入溶剂，使氧化铝全部润湿。另外也可先将溶剂加入管内，约为柱高的 3/4 处，而后将氧化铝通过一粗颈玻璃漏斗慢慢倒入并轻轻敲击柱身。

b. 加样。湿法加样是把要分离的试样配成适当浓度的溶液。将氧化铝上多余的溶剂放出，直到柱内液体表面到达氧化铝表面时，停止放出溶剂。沿管壁加入试样溶液，注意不要使溶液把氧化铝冲松浮

起，试样溶液加完后，开启下端旋塞，使液体渐渐放出，至溶剂液面和氧化铝表面相齐（勿使氧化铝表面干燥）即可用溶剂洗脱。亦可用干法加样。干法加样是将分离样品加少量低沸点溶剂溶解，再加入约5倍量吸附剂，拌和均匀后在通风橱或适当温度的水浴中蒸发至干。揭去柱顶滤纸片，将吸附了样品的吸附剂平摊在柱内吸附剂的顶端，在上面加盖滤纸片或加盖一层白沙。干法加样易于掌握，不会造成样品溶液的冲稀，但不适合对热敏感的化合物。

c. 洗脱和分离。在洗脱和分离过程中，应当注意：

（a）连续不断地加入洗脱剂，并保持一定高度的液面，在整个操作中勿使氧化铝表面的溶液流干，一旦流干，再加溶剂，易使氧化铝柱产生气泡和裂缝，影响分离效果。

（b）收集洗脱液，如试样各组分有颜色，在氧化铝上可直接观察。洗脱后分别收集各个组分。在多数情况下，化合物没有颜色，收集洗脱液时，多采用等份收集，每份洗脱剂的体积随所用氧化铝的量及试样的分离情况而定。一般若用50g氧化铝，每份洗脱液的体积为50mL。如洗脱液极性较大或试样的各组分结构相似时，每份收集量要小。

（c）要控制洗脱液的流出速度，一般不宜太快，太快了柱中交换来不及达到平衡，因而影响分离效果。

（d）由于氧化铝表面活性较大，有时可能促使某些成分破坏，所以应尽量在一定时间内完成一个柱色谱的分离，以免试样在柱上停留的时间过长，发生变化。

（2）纸色谱。纸色谱与吸附色谱分离不同，纸色谱不是以滤纸的吸附作用为主，而是以滤纸作为载体，根据各成分在两相溶剂中分配系数不同而相互分离的。纸色谱用的滤纸要求厚薄均匀。

纸色谱和薄层色谱一样，主要用于分离和鉴定，它的优点是便于保存，对亲水性较强的成分如酚和氨基酸分离较好。但其缺点是所费时间较长，一般要几个小时到几十个小时。滤纸越长，分离越慢，因为溶剂上升速度随高度的增加而减慢。

操作步骤：

① 滤纸选择。滤纸应厚薄均匀，全纸平整无折痕，滤纸纤维松紧适宜。将滤纸切成纸条，大小可自行选择，一般约为 31cm×20cm，51cm×30cm 或 81cm×50cm，纸色谱一般装置见图 2-28。

② 展开剂。根据被分离物质的不同，选用合适的展开剂。展开剂应对被分离物质有一定的溶解度，溶解度太大，被分离物质会随展开剂跑到前沿；太小，则会留在原点附近，使分离效果不好。选择展开剂应注意下列几点：

a. 能溶于水的化合物。以吸附在滤纸上的水做固定相，以与水能混合的有机溶剂（如醛类）做展开剂。

b. 难溶于水的极性化合物。以非水极性溶剂（如甲酰胺、N,N-二甲基酰胺等）做固定相，以不能与固定相混合的非极性溶液（如环己烷、苯、四氯化碳、氯仿等）做展开剂。

c. 对不溶于水的非极性化合物。以非极性溶剂（如液体石蜡、α-溴萘等）做固定相，以极性溶剂（如水、含水的乙醇、含水的酸等）做展开剂。

往往不能使用单一的展开剂。如常用的正丁醇/水，是指用水饱和的正丁醇。正丁醇：醋酸：水＝4∶1∶5 是指三种溶剂按其用量比例，放入一分液漏斗中充分振摇混合，放置、分层。取其上层正丁醇混合液作为展开剂。以上几点仅供参考，要选择合适的展开剂，需要查阅有关资料，另一方面还要通过实验。

③ 点样。取少量试剂，用水或易挥发的有机溶剂（如乙醇、丙醇、乙醚等），将它完全溶解，配制成约 1% 的溶液。用铅笔在距滤纸边缘 2～3cm 处画线，表明点样位置，以毛细管吸取少量试样溶液，在滤纸上按照已写好的编号分别点样，控制点样直径 0.2～

0.5cm。然后将其晾干或在红外灯下烘干。

④ 展开。于色谱缸中注入展开液，将已点样的滤纸晾干后悬挂在色谱缸内，将点有试样的滤纸一端浸入展开剂液面下约 1cm 处，但试样斑点的位置必须在展开剂液面之上。见图 2-28 所示。

⑤ 显示。展开完毕，取出色谱滤纸，画出前沿。另一种方法是先画出前沿，然后展开，但应随时注意展开剂液是否已到达画出前沿。如果化合物本身有颜

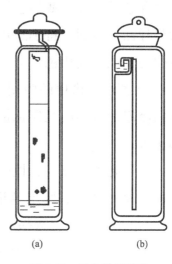

图 2-28　纸色谱展开图

色，就可直接观察到斑点。如本身无色，可在紫外灯下观察有无荧光斑点，用铅笔在滤纸上画出斑点位置、形状大小。通常可用显色剂喷雾显色，不同类型化合物可用不同的显色剂。对于未知试样显色剂的选择，可先取试样溶剂一滴，点在滤纸上，而后滴加显色剂，观察有无色点产生。

⑥ 比移值（R_f 值）。在固定的条件下，不同的化合物在滤纸上以不同的速度移动，所以各个化合物的位置也各不相同，通常用距离表示移动位置，见图 2-28，比移值的计算如下式：

$$R_f = \frac{\text{溶质最高浓度中心至原点中心的距离}}{\text{溶剂前沿至原点中心的距离}}$$

当温度、滤纸质量和展开剂等都相同时，对于一个化合物，比移值是一个特有的常数。因而可作定性分析的依据。由于影响比移值的因素过多，实际数据与文献记载不完全相同，因而在测定 R_f 值时，常采用标准试样在同一张滤纸点样对照。

（3）薄层色谱。薄层色谱是近年来发展起来的一种微量、快速而又简单的色谱法，它兼有柱色谱和纸色谱的优点。常用的有吸附色谱

和分配色谱两种。薄层色谱不仅适用于少量样品的分离，也适用于较大量样品的精制。特别适用于挥发性较小，或者较高温度下容易发生变化而不能用气相色谱分离的化合物。

① 薄层色谱用的吸附剂和支持剂。和柱色谱相似，薄层吸附色谱的吸附剂常用的是氧化铝和硅胶。分配色谱的支持剂为纤维素和硅藻土等。

硅胶是无定形多孔性的物质，略具酸性，适合于酸性和中性化合物的分离和分析。薄层色谱用的硅胶分为"硅胶 H"——不含黏合剂；"硅胶 G"——含煅石膏做黏合剂；"硅胶 HF254"——含荧光剂，可在波长 254nm 紫外线下观察荧光；"硅胶 GF254"——含有煅石膏和荧光剂。

薄层色谱用的氧化铝也分为氧化铝 G，氧化铝 GF254 及氧化铝 HF254。

黏合剂除煅石膏（$CaSO_4 \cdot H_2O$）外，还可用淀粉、羧甲基纤维素钠。加黏合剂薄板称为硬板，不加黏合剂的称为软板。

薄层吸附色谱和柱吸附色谱一样，化合物的吸附能力和它们的极性成正比，具有较大极性的化合物吸附较强，因而 R_f 值较小。因此利用化合物极性的不同，可将它们分离开。

② 薄层板的制备。薄层板制备的好坏直接影响色谱的结果，薄层应尽可能均匀而且厚度（0.25～1.00mm）要固定。否则展开时溶剂前沿不齐，色谱结果也不易重复。

通常先将吸附剂调成糊状物：称取 10g 硅胶，加蒸馏水 20mL，立即调成糊状物。如采用 10g 氧化铝，则加蒸馏水 10mL，可涂 3cm×12cm 3～4 片，然后将调成的糊状物采用下列两种涂布方法，制成薄层板。

a. 平铺法。可将涂布器（如图 2-29）洗净，把干净的玻璃板在涂布器中摆好，上下两边各夹一块比前者厚 0.25mm 的玻璃板，在涂布器槽中倒入糊状物，将涂布器自左向右推，即可将糊状物均匀地涂在玻璃板上。若无涂布器，也可用边沿光滑的不锈钢尺自左向右将糊状物刮平。

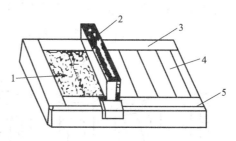

图 2-29　薄层涂布器

1—铺好的薄层板；2—涂布器；

3,5—厚玻璃板；4—玻璃板

b. 倾注法。将调好的糊状物倒在玻璃板上，用手摇，使其表面均匀光滑。

③ 薄层板的活化。将涂好的薄层板室温水平放置晾干后，放入烘箱内加热活化，活化条件根据需要而定。硅胶板一般在烘箱中渐渐升温，维持 105～110℃活化 30min。氧化铝板在 200～220℃烘 4h 可得活性Ⅱ级的薄板。150～160℃烘 4h 可得活性Ⅲ～Ⅳ级的薄板。薄板的活性与含水量有关，其活性随含水量的增加而下降。

④ 点样。固体样品通常溶解在合适的溶剂中配成 1%～5% 的溶液，用内径小于 1mm 的平口毛细管吸取样品溶液点样。点样前可用铅笔在距薄层板一端约 1cm 处轻轻地画一条横线作为"起始线"。然后将样品溶液小心地点在"起始线"上。样品斑点的直径一般不应超过 2mm。如果样品溶液太稀需要重复点样时，须待前一次点样的溶剂挥发之后再点样。点样时毛细管的下端应轻轻接触吸附剂层。如果用力过猛，会将吸附剂层戳成一个孔，影响吸附剂层的毛细作用，从而影响样品的 R_f 值。若在同一板块上点两个以上样点时，样点之间的距离不应小于 1cm。点样后待样点上溶剂挥发干净才能放入展开槽中展开。

⑤ 展开。展开剂带动样点在薄板层上移动的过程叫展开。展开过程是在充满展开剂蒸汽的密闭的展开槽（色谱缸）中进行的。展开的方式通常有直立式、卧式、斜靠式、下行式、双向式等。

图 2-30(a) 为立式，(b) 为卧式，(c) 和 (d) 为斜靠式，(e) 为

下行式，（f）为制备纯样品所用的大型展开槽，亦为斜靠式。（a），（b），（c），（d），（f）统称上行式。

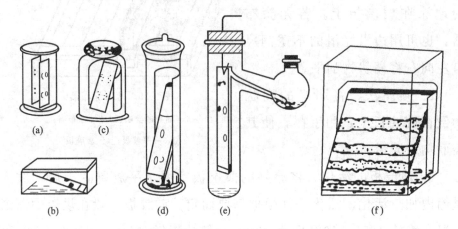

图 2-30　薄层板在不同的色谱缸中展开

　　直立式展开在立式展开槽中进行。用于含黏合剂的色谱板，将色谱板垂直于盛有展开剂的容器中。先在展开槽中装入深约 0.5cm 的展开剂，盖上盖子放置片刻，使蒸气充满展开槽。然后将点好样的薄层板小心放入展开槽，使其点样一端向下（注意样点不要浸泡在展开剂中），盖好盖子，由于吸附剂的毛细作用展开剂不断上升，如果展开剂合适，样点也随之展开，当展开剂前沿到达距离薄板上端约 1cm 处时，取出薄层板并标出展开沿的位置。分别测量前沿及各样点中心到起始线的距离，计算样品中各组分的比移值。如果样品中各组分的比移值都比较小，则应该换用极性大一些的展开剂；反之，如果各组分的比移值都较大，则应换用极性小一些的展开剂。每次更换溶剂，必须等展开槽中的前一次的溶剂挥发干净后，再加入新的溶剂。更换溶剂后必须更换薄层板并重新点样、展开，重复整个操作过程。直立式展开只适合于硬板。

　　卧式展开如图 2-30(b) 所示，薄层板倾斜 15°放置，操作方法同直立式，只是展开槽中所放的展开剂应更浅一些。卧式展开既适合于硬板，也适用于软板。

斜靠式展开如图 2-30(c) 所示，薄层板的倾斜角度为 30°～90°之间，一般也只适合于硬板。

下行式展开如图 2-30(e) 所示。薄层板竖直悬挂在展开槽中，一根滤纸条或纱布条搭在展开剂和色谱板上沿，靠毛细作用引导展开剂自板的上端向下端展开。此法适合于比移值较小的化合物。

双向式展开是采用方形玻璃板铺制薄板，样品点在角上，先向一个方向展开，然后转动 90°，再换一种展开剂向另一方向展开。此法适合于成分复杂或较难分离的混合物样品。

用于分离的大块薄层板如图 2-30(f)，是在起点线上将样液点成一条线，使用足够大的展开槽展开，展开后成为带状，用不锈钢铲将各色带刮下分别萃取，各自蒸去溶剂，即可得到各组分的纯品。

⑥ 显色。分离和鉴定无色物质，必须先经过显色才能观察到斑点的位置，判断分离情况。常用的显色方法有如下几种：

a. 碘蒸气显色法。由于碘能与很多有机化合物（烷和卤代烷除外）可逆地结合形成有颜色的络合物，所以先将几粒碘的结晶置于密闭的容器中，碘蒸气很快地充满容器，此时将展开后的薄层板（溶剂已挥发干净）放入容器中，有机化合物即与碘作用而呈现出棕色的斑点。将薄层板自容器中取出后，应立即标记出斑点的形状和位置（因为薄板放在空气中，由于碘挥发，棕色斑点在短时间内即会消失），计算比移值。

b. 紫外线显色法。如果被分离（或分析）的样品本身是荧光物质，可以在紫外灯下观察到荧光物质的亮点。如果样品本身不发荧光，可以在制板时，在吸附剂中加入适量的荧光剂或在制好的板上喷上荧光剂，制成荧光薄层色谱板。荧光板经展开后取出，标记好展开剂的前沿，待溶剂挥发干净后，放在紫外灯下观察，有机化合物在亮的荧光背景上呈暗红色斑点。标记出斑点的形状和位置，计算比移值。

c. 试剂显色法。除了上述显色法之外，还可以根据被分离（分析）化合物的性质，采用不同的试剂进行显色，一些常用显色剂及被检出物质列在表 2-5 中。

表 2-5　一些常用显色剂及被检出物质表

显色剂	配制方法	被检出物质
浓硫酸[①]	直接使用 98％的浓硫酸	通用试剂，大多数有机物在加热后显黑色斑点
香兰素-浓硫酸	1％香兰素的浓硫酸溶液	冷时可检出萜类化合物，加热时为通用显色剂
四氯邻苯二甲酸酐	2％四氯邻苯二甲酸酐溶液溶剂：丙酮：氯仿=10：1	可检出芳香烃
硝酸铈铵	6％硝酸铈铵的 2mol/L 硝酸溶液	检出醇类
铁氰化钾-三氯化铁	1％铁氰化钾水溶液与 2％的三氯化铁水溶液使用前等体积混合	检出酚类
2,4-二硝基苯肼	0.4％ 2,4-二硝基苯肼的 2mol/L 盐酸溶液	检出醛、酮
溴酚蓝	0.05％溴酚蓝的乙醇溶液	检出有机酸
茚三酮	0.3g 茚三酮溶于 100mL 乙醇中	检出胺、氨基酸
氯化锑	三氯化锑的氯仿饱和溶液	甾体、萜类、胡萝卜素等
二甲氨基苯胺	1.5g 二甲氨基苯胺溶于 25mL 甲醇、25mL 水及 1mL 乙酸组成的混合溶液中	检出过氧化物

① 以 CMC 为黏合剂的硬板不宜用硫酸显色，因为硫酸也会使 CMC 炭化变黑，整版黑色而显不出斑点位置。

操作时，先将薄层板展开，风干，然后用喷雾器将显色剂直接喷到薄层板上，被分开的有机物组分便呈现出不同颜色的斑点。及时标记出斑点的形状和位置，计算比移值。

第三部分　实验项目

实验一　温度计校正及熔点的测定

一、实验目的

1. 掌握熔点仪和毛细管法测定晶体化合物熔点的方法。
2. 熟悉温度计校正方法。
3. 了解测定熔点的原理和意义。

二、实验原理

在一定的大气压下，当物质的固、液相的蒸气压相同时，两相处于平衡状态，此时的温度称为该物质的熔点。物质从始熔（开始熔化）到全熔（完全熔化）的温度范围称为熔点距（又称为熔点范围或熔程）。每一种纯净物都具有独特的晶体结构和分子间作用力，因而具有特定的熔点。纯净物熔点距很小，一般为 $0.5 \sim 1.0 \, ℃$。混合物没有确定的熔点，且熔点比其中任一组分的熔点低，熔点距很大。大多数有机化合物的熔点都在 300℃ 以下，比较容易测定。所以通过测定熔点可以确定被测物质是否纯净。

若样品 A 与样品 B 的熔点相同，可用混合检验 A 和 B 是否同一种物质，即将 A 和 B 等量混合，测定混合物的熔点。若测定 A 与 B 混合物的熔点与单独测定 A 或 B 的熔点相同，则说明 A 与 B 为同一种物质；若 A 与 B 混合物的熔点低于单独测定 A 与 B 的熔点，且熔点距很大，则可以认定 A 与 B 是不同物质。

影响测定熔点准确性的因素很多，如温度计的误差、读数的准确性、样品的干燥程度、毛细管的口径和圆匀性、样品填入毛细管是否紧密均匀、所用的传热液是否合适以及加热的速度是否适当等都能影响熔点测定，因此在进行熔点测定时，这些因素都应加以注意。

熔点测定的方法主要有毛细管测定法和显微熔点仪测定法。

三、实验药品与器材

药品：肉桂酸、苯甲酸、尿素、水杨酸、液体石蜡。

器材：熔点测定管、温度计（0～200℃、精确度 0.2℃）、毛细管（一端已封口，内径 1.0～1.5mm，长约 5cm）、点滴板、玻璃管（约 60cm）、酒精灯或控温电炉、表面皿、烧杯、胶塞、显微熔点测定仪。

四、实验内容

1. 毛细管测定法测定熔点

（1）样品的装填。将少许干燥待测样品放入干净的点滴板的孔穴中，用玻璃钉将药品充分研成细末，集成一堆。把毛细管的开口端插入样品堆中，使样品进入管内，然后将开口端向上竖立通过一根（长约 60cm）直立于表面皿上的玻璃管，使其自由地落下，重复几次，直至样品柱高约 3mm 为止，为防止样品潮解，研磨和装填样品要迅速；装入的样品要结实，受热才均匀，如果有空隙，不易传热，影响测定结果。每个样品依上法填装两根毛细管。

（2）安装测定熔点装置。本实验用提勒管（Thiele 管，又称 b 形管或熔点测定管）来盛装浴液（浴液选择见五、实验注意事项及说明 3），将提勒管固定在铁架台上。将装好样品的毛细管用小橡胶圈固定在温度计上，再用带缺口的胶塞插入提勒管的管口固定温度计，使温度计水银球在提勒管两个侧管的中部为宜（见图 3-1）。

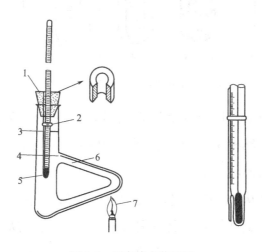

图 3-1　测定熔点装置图

1—带缺口胶塞；2—橡皮圈；3—200℃时浴液液面；4—室温时浴液的液面；

5—毛细管；6—传热器；7—灯外焰

（3）第一次测定熔点。先用酒精灯的外焰预热整个测定管，然后加热熔点测定管下侧管的末端。先快速加热，注意观察温度的上升和毛细管中样品的变化情况，记录下样品熔化时的温度，此为粗测化合物的熔点。

（4）第二次测定熔点。待浴液冷却至样品熔点 30℃以下，换上另一根装有样品的新毛细管。开始时控制温度每分钟升高 5～6℃，当温度离熔点约 15℃时，应减缓加热速度，改用小火，每分钟升温 1～2℃。一般可在加热中途，试将热源移去，观察温度是否上升，如停止加热后温度亦停止上升，说明加热速度是比较合适的。当接近熔点时，加热速度要更慢，每分钟上升 0.2～0.4℃，加热的同时，要注意观察样品的变化情况，当样品相继出现发毛、收缩、塌陷时即为始熔，记录温度，澄清（完全透明）时即为全熔，记录温度，停止加热。如图 3-2 所示。

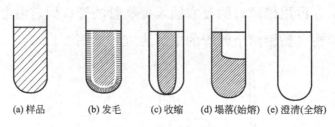

(a)样品   (b)发毛   (c)收缩   (d)塌落(始熔)   (e)澄清(全熔)

图 3-2   毛细管内样品状态的变化过程

（5）测定结束。所有样品测定完毕后，待浴液冷却近室温后，取出温度计，先用纸擦去浴液，放冷后再用水冲洗，否则温度计会炸裂。将浴液倒入回收瓶。

本次实验可从表 3-1 中选取两种化合物做样品，一种样品标明名称作为已知物测定其熔点，另一种不标明名称的样品作为未知物，通过测定熔点来确定其名称。对于已知物熔点的测定，可先查表得知其熔点，精确测定其熔点 1 次即可。对于未知物熔点的测定，需经粗测和精测两次测定。

表 3-1   几种有机化合物的熔点

样品名称	样品代码	熔点/℃	实测熔点/℃
尿素	B	132.7	
肉桂酸	C	132～135	
苯甲酸	D	122.4	
水杨酸	E	159	

2. 用熔点测定仪测定熔点

熔点测定仪见图 2-2。利用显微熔点测定仪测定混合样品熔点。

方法和步骤见本教材第二部分"X-5型显微熔点测定仪及使用方法"。

3. 温度计校正

用以上方法测定熔点时，温度计上的熔点读数与真实熔点之间常有一定的偏差。这可能有以下几方面的原因：①一般温度计中的毛细管孔径不一定是很均匀的，有的刻度也不很精确；②温度计有全浸式和半浸式两种，全浸式温度计的刻度是在温度计的汞线全部均匀受热的情况下刻出来的，而在测熔点时仅有部分汞线受热，因而露出的汞线温度比全部受热时为低；③经长期使用的温度计，玻璃也可能发生体积变形而使刻度不准确。因此，若要精确测定物质的熔点，就必须校正温度计。

校正温度计时，可选用某标准温度与之比较。通常是采用某些纯净物的熔点作为校正标准。通过此法校正的温度计，上述误差可一并消除。校正时只要选择数种已知熔点的纯净物作为标准，测定它们的熔点，以观察到的熔点作纵坐标，测得熔点与应有熔点的差数作横坐标，画成曲线。在任一温度时校正值可以直接从曲线中读出。

用熔点方法校正温度计的校准样品见表 3-2，校正时可以具体选择。

表 3-2　几种标准样品的熔点

标准样品	熔点/℃	标准样品	熔点/℃
水-冰	0	苯甲酸	122.4
α-萘胺	50	尿素	132.7
二苯胺	54～55	二苯基羟基乙酸	151
对二氯苯	53.1	水杨酸	159
苯甲酸苄酯	71	对苯二酚	173～174
萘	80.55	3,5-二硝基苯甲酸	205
间二硝基苯	90.02	蒽	216.2～216.4
二苯乙二酮	95～96	酚酞	262～263
乙酰苯胺	114.3		

五、实验注意事项及说明

1. 测定易升华或易潮解的物质熔点时，应将毛细管两端都熔封完好。

2. 被测样品应是干燥的，每次装待测样品都必须用新的毛细管。

3. 样品熔点在 220℃以下时，可采用液体石蜡或浓硫酸为浴液。白矿油可加热到 280℃不变色。另外，也可用植物油、硫酸与硫酸钾的混合物、磷酸、甘油和硅油等为浴液。

4. 装配熔点装置用橡皮圈固定毛细管时，要注意勿使橡皮圈接触浴液，以免浴液被污染、橡皮圈被浴液所溶胀。

实验二　常压蒸馏、沸点、折射率的测定

一、实验目的

1. 掌握常压蒸馏的装置及操作。
2. 熟悉折射仪使用方法及常压蒸馏的用途。
3. 了解沸点测定的原理及方法。

二、实验原理

当液体物质受热时，其蒸气压随着温度的升高而增大。当液体的蒸气压增大到与外界施加于液面的压力（通常为大气压）相等时，就会有大量气泡从液体内部逸出，即液体开始沸腾，此时的温度称为该液体在此压力下的沸点。沸点的高低与所受外界压力大小有关，通常所说的沸点是指大气压为 101.325kPa 时液体的沸腾的温度。

将液体物质加热至沸腾变成蒸气，再将蒸气冷凝为液体，这一过程称为蒸馏。当一个液体混合物沸腾时，液面上方的蒸气组成与液体的混合物的组成不同。由于沸点较低者先挥发，造成蒸气中低沸点的组分较多，液相中高沸点的组分较多，因此通过蒸馏可达到分离和提纯液体化合物的目的。普通蒸馏只可将易挥发物质与不挥发物质分离开，也可以将沸点相差 30℃ 以上的两种液体分离开，另外，蒸馏也用于回收溶剂和浓缩溶液。

蒸馏时，馏液开始滴出时的温度和最后一滴流出时的温度范围，称为沸点范围，也叫沸程。纯液体有一定的沸点，而且沸程很短，一般为 0.5～1℃；混合物没有固定的沸点，沸程也较大。所以，利用

蒸馏方法可以测定有机化合物的沸点，并确定物质是否纯净。用蒸馏法测定沸点的方法叫常量法。常量法所需样品用量较多，要 10mL 以上。若样品不多，可采用微量法。

折射率是有机化合物一个重要的物理常数。其测定简单、方便且准确。折射率常作为检验原料、溶剂、中间体、最终产物纯度和鉴定未知物的依据。

光线自第一种介质进入第二种介质时，由于两种介质不同，光线在两种介质中传播的速度也不同，所以光线就发生折射。在第一种介质的入射光线与交界面垂直线（法线）相交的角度 i 称为入射角；进入第二种介质折射后的光线与交界面垂直线（法线）相交的角度 γ 称为折射角（图 3-3）。

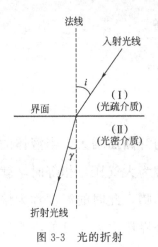

图 3-3　光的折射

由实验证明入射角 i 的正弦与折射角 γ 的正弦的比为一常数，它等于光线在两种介质中的传播速度之比，即

$$\frac{\sin i}{\sin \gamma} = \frac{v_1}{v_2} = n$$

式中，v_1 代表光线在第一种介质中的速度；v_2 代表光线在第二种介质中的速度；n 是常数，通常以空气作为标准介质，当光线由空气进入另一种物质，所得的速度比即为该物质的折射率。由于光线在空气中的速度比在液体中的速度大，故液体的折射率总是大于 1。

当物质的入射角接近或等于 90°时，折射角就达到了最大，此角称为临界角。测定临界角就可算出折射率。

折射仪的主要部件是两块直角折射棱镜，下棱镜为 P_1，上棱镜为 P_2，被测液体则置于两棱镜之间的斜面上，铺展成一薄层。光线通过棱镜的折射情况如图 3-4 所示。当光线由平面反光镜 N 反射入 P_1 之内，由于表面 ED 是粗糙半透明的，所以通过液层所射出的光线向各方向散射，亦即光线在液层中以各种不同的入射角射入棱镜 P_2 中。因 P_2 的折射率大于待测液体样品的折射率，所以光线由液层射至棱镜 P_2，即相当于光线从光疏介质射入光密介质。当光线沿液层与 P_2 的表面 AB 平面方向入射于 P_2 中时，其入射角为 $90°$，与此入射角对应的折射角即为 P_2 对液层的临界角。这时就在望远镜的视野中出现一明暗区域，明暗两区域分界线的位置随各种物质临界角的大小而变化，而临界角的大小又因各物质的

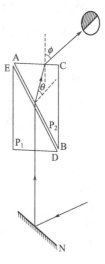

图 3-4　光线通过棱镜的折射

折光能力而异。所以在测定时，将明暗分界线对准于视野中十字交叉线的交点上，位置确定后，就可求出临界角的大小。将由临界角计算得到的对应的折射率刻在刻度盘上，则从刻度盘上就能直接读出液体的折射率。

物质的折射率不但与它的结构和测定时所用光线的波长有关，而且也受温度等因素的影响。所以折射率的表示须注明所用的光线的波长和测定时的温度，用 n_D^t 表示。D 表示波长为 589.3nm 的钠光，t 是测定时的温度。通常温度升高 1℃，液体的折射率降低 $3.5 \times 10^{-4} \sim 5.5 \times 10^{-4}$。

三、实验药品与器材

药品：无水乙醇。

器材：磁力搅拌加热板、油浴锅、100mL 蒸馏烧瓶、直形冷凝管、0~100℃温度计、接液管、50mL 锥形瓶、50mL 量筒、玻璃漏

斗、沸石、阿贝折射仪、无水乙醇与乙醚（1∶4）的混合液、脱脂棉花、胶头滴管（每组一个）、50mL烧杯。

四、实验内容

1. 常量法测沸点的装置。按照图 3-5 所示安装一套蒸馏装置。该装置适用于蒸馏沸点低于 130℃ 的一般液体有机化合物。相关知识参考本实验指导第二部分的"普通蒸馏"。

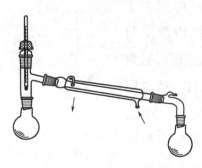

图 3-5　常压蒸馏装置

将 40mL 无水乙醇通过玻璃漏斗加入蒸馏烧瓶中，加料时注意勿使液体从支管流出。连接好各接口。先通入冷凝水，然后用油浴加热，开始蒸馏。刚开始时加热速度可稍快一些，注意观察蒸馏烧瓶中的现象和温度计读数的变化。当蒸馏烧瓶内液体开始沸腾后，蒸气逐渐上升，待达到温度计水银球时，温度计的读数急剧上升，此时适当调小火力，控制馏液流出速率为每秒 1～2 滴，记录温度计的读数稳定阶段的温度（即无水乙醇的沸点），收集此时的馏分，当温度计读数突然下降时，停止蒸馏。切不可将液体蒸干，以免发生意外。停止蒸馏时，应先停止加热，待没有馏出液流出时再停止通水，拆卸顺序与装配的顺序相反。

2. 用阿贝折射仪测定蒸馏得到的无水乙醇的折射率。操作方法见本实验指导第二部分的"阿贝折射仪及使用方法"。折射仪的校正工作可由实验老师预先完成。

五、实验注意事项及说明

1. 蒸馏沸点低的液体，用长颈蒸馏烧瓶；蒸馏沸点较高的液体（＞120℃），选用短颈蒸馏烧瓶。

2. 为了防止在蒸馏过程中出现暴沸，加热前须在蒸馏瓶中加入几粒止暴剂（如素瓷片、玻璃屑或沸石等），止暴剂可成为液体的汽化中心，避免液体暴沸。若在加热后发现没有加入止暴剂或原有的止暴剂失效，必须先停止加热，待液体冷却至沸点以下方可加入止暴剂。若中途停止蒸馏，切记在重新加热前补加新的止暴剂。

3. 冷却水的流速以能保证蒸气充分冷凝即可，通常仅需保持缓水流即可，水流太急会冲脱胶管，妨碍实验进行，造成事故。蒸馏易挥发的可燃性液体时，冷却水的流速可快一些。

4. 阿贝折射仪不能放在日光直射或靠近热源的地方，以免样品迅速蒸发。仪器应避免强烈振动或撞击，以防光学零件损伤及影响精度。

5. 酸、碱等腐蚀性液体不得使用阿贝折射仪测量其折射率，可用浸入式折射仪测定。

6. 阿贝折射仪不用时需放在木箱内，箱内应储有干燥剂，木箱应放在干燥、空气流通的室内。

实验三　液-液萃取

一、实验目的

1. 掌握分液漏斗的使用方法，酸碱滴定的操作。
2. 熟悉液-液萃取的操作，比较一次萃取和多次萃取的分离效果。
3. 了解液-液萃取的原理和用途。

二、实验原理

液液萃取是利用物质在 A、B 两种互不相溶的溶剂中溶解度不同，使物质从一种溶剂内转移至另一种溶剂中，通过反复多次萃取，能将大部分物质萃取出来。由于物质在 A、B 两种溶剂中的溶解度不同，温度一定时，物质 A、B 在两液相中浓度之比是一个常数，称为分配系数 K。即

$$K = \frac{c_A}{c_B}$$

三、实验药品与器材

药品：浓盐酸、乙酸乙酯、5%苯酚（苯酚熔点为 40.5℃，在 65℃的水中溶解 5g 苯酚，定容 100mL 水）、酚酞（称取 1g 酚酞，用无水乙醇溶解，定容成 250mL）、0.01mol/L NaOH 溶液。

器材：分液漏斗（60mL、2 支）、铁架台、碱式滴定管、锥形瓶（100mL）、烧杯。

四、实验内容

1. 一次萃取

取 60mL 洁净的分液漏斗一个，将玻璃活塞涂上凡士林，然后塞上转动，使凡士林形成一层均匀、透明薄层，加水检验是否漏水，如不漏水，则取 5％苯酚水溶液 20mL 加入分液漏斗中，再加 15mL 乙酸乙酯，塞上玻塞，用右手按住漏斗上端玻璃，左手握住下端玻璃活塞，倾斜倒置振摇数次，使两液层充分接触，斜持漏斗使下端朝上，开启下端活塞放气，如此重复 3～4 次，将漏斗静置于铁环上。当溶液分两层后先取下上端活塞，然后再慢慢开启下端活塞，放出下层水溶液于 100mL 锥形瓶中，之后，在锥形瓶中滴加酚酞 2 滴，进行酸碱滴定。上层乙酸乙酯从上口倒入烧杯中。

2. 三次萃取

取 60mL 洁净的分液漏斗一个，将玻璃活塞涂上凡士林，然后塞上转动，使凡士林形成一层均匀、透明薄层，加水检验是否漏水，如不漏水，则取 5％苯酚水溶液 20mL 加入分液漏斗中，再加 5mL 乙酸乙酯，塞上玻塞，用右手按住漏斗上端玻璃，左手握住下端玻璃活塞，倾斜倒置振摇数次，使两液层充分接触，斜持漏斗使下端朝上，开启下端活塞放气，如此重复 3～4 次，将漏斗静置于铁环上。当溶液分两层后先取下上端活塞，然后再慢慢开启下端活塞，放出下层水溶液于 100mL 锥形瓶中，上层乙酸乙酯从上口倒入烧杯中。将下层水溶液倒回漏斗中，再加 5mL 乙酸乙酯进行萃取，重复两次。最后，上层乙酸乙酯从上口倒入烧杯中。放出下层水溶液于 100mL 锥形瓶中，在锥形瓶中滴加酚酞 2 滴，进行酸碱滴定。

实验数据记录于表 3-3。

表 3-3　实验数据及现象记录表

名　称	5%苯酚	乙酸乙酯	0.01mol/L NaOH 的用量/mL
一次萃取	20mL	15mL	
分次萃取	20mL	5mL(3 次)	
未萃取	20mL	0mL	

3. 萃取效率

通过酸碱滴定，分别计算一次萃取与三次萃取后，水相中苯酚的含量，得出萃取的效率。

$$萃取效率 = \frac{苯酚总质量 - 水相中苯酚质量}{苯酚总质量} \times 100\%$$

五、实验注意事项及说明

选溶剂时要注意的问题：所选溶剂与原溶剂互不相溶。要萃取的物质在所选的溶剂中的溶解度必须大于在原溶剂中的溶解度。所选溶剂不能与要萃取的物质发生反应。

操作时要注意的问题：加入溶剂要与原溶液充分接触（振荡）。要注意放气。下层液体从下口放出，上层液体从上口倒出。

实验四　甲醇-水的分馏

一、实验目的

1. 掌握简单分馏的装置及操作。

2. 熟悉分馏的原理及适用范围。

3. 了解分馏的种类。

二、实验原理

1. 如果液体 A 和液体 B 可以完全互溶，但不能缔合，也不能形成共沸物，则由 A 和 B 组成的二元液体体系的蒸气压行为符合拉乌尔定律。拉乌尔定律的表达式为：

$$p_A = p_A^\circ x_A, \qquad p_B = p_B^\circ x_B$$

式中，p_A、p_B 分别为 A、B 的蒸气分压；p_A°、p_B° 分别为当 A 和 B 独立存在时在同一温度下的蒸气压；x_A、x_B 分别为 A 和 B 在该溶液中所占的摩尔分数。显然，$x_A < 1$，$p_A < p_A^\circ$，即在完全互溶的二元体系中，各组分的蒸气分压低于它独立存在时在同一温度下的蒸气压。同理，对于液体 B 来说，也有 $p_B = p_B^\circ x_B < p_B^\circ$。设该二元体系的总蒸气压为 $p_总$，则有 $p_总 = p_A + p_B = p_A^\circ x_A + p_B^\circ x_B$。对体系加热，$p_A$ 和 p_B 都随温度升高而升高，当升至 $p_总$ 与外界压强相等时，液体沸腾。

2. 根据道尔顿分压定律，气相中每一组分的蒸气压和它的摩尔分数成正比。因此在气相中各组分蒸气的成分为：

$$x_A^气 = \frac{p_A}{p_A + p_B}, \qquad x_B^气 = \frac{p_B}{p_A + p_B}$$

由上式推知，组分 B 在气相和溶液中的相对浓度为：

$$\frac{x_B^{\text{气}}}{x_B}=\frac{p_B}{p_A+p_B}\times\frac{p_B^\circ}{p_B}=\frac{1}{x_B+\dfrac{p_A^\circ}{p_B^\circ}x_A}$$

由于该体系中只有 A，B 两个组分，所以 $x_A+x_B=1$，所以若 $p_A^\circ=p_B^\circ$，则 $x_B^{\text{气}}/x_B=1$，表明这时液相的成分和气相的成分完全相同，这样 A 和 B 就不能用蒸馏（或分馏）的方法来分离。如果 $p_B^\circ>p_A^\circ$，则 $x_B^{\text{气}}/x_B>1$，表明沸点较低的 B 在气相中的浓度较其在液相中为大，占有较多的摩尔分数，在将此蒸气冷凝后得到的液体中，B 的组分大于其在原来的液体中的组分。如果将所得的液体再进行汽化、冷凝，B 组分的摩尔分数又会有所提高。如此反复，最终即可将两组分分开。如果用普通蒸馏的方法几乎是无法完成的，分馏就是利用分馏柱来实现这一"多次重复"的蒸馏过程。

三、实验药品与器材

药品：无水甲醇、蒸馏水。

器材：蒸馏烧瓶（100mL）、韦氏分馏柱、蒸馏头、温度计、直形冷凝管、真空接液管、油浴锅、磁力搅拌加热板、量筒、圆底烧瓶（50mL、5 个）。

四、实验内容

1. 在 100mL 的蒸馏烧瓶中加入 25mL 甲醇和 25mL 水的混合物，按图 3-6 装好分馏装置。

2. 用油浴锅慢慢加热，开始沸腾后，蒸气慢慢进入分馏柱中，此时要仔细控制加热温度，使温度慢慢上升，以维持分馏柱中的温度梯度和浓度梯度。当冷凝管中有蒸馏液流出时，迅速记录温度计所示

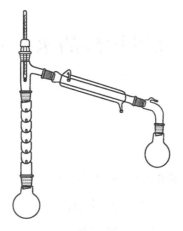

图 3-6　简易分馏装置

的温度。控制加热速度，使馏出液慢慢地均匀地以 1 滴/2～3s 的速度流出。

3. 当柱顶温度维持在 65℃时，收集馏出液（A）。随着温度上升，再分别收集 65～70℃（B）、70～80℃（C）、80～90℃（D）、90～95℃（E）的馏分，瓶内所剩为残留液（F）。

4. 分别量出不同馏分的体积，以馏出液体积为纵坐标、各段温度的中值为横坐标，绘制分馏曲线。

五、实验注意事项及说明

1. 若加热太快，馏出液每秒钟的滴数超过要求量，用分馏法分离两种液体的能力会显著下降。

2. 用分馏法提纯液体时，为了取得较好的分离效果，分馏柱必须保持回流液。

3. 在分馏时通常用水浴或油浴加热，而不是用明火直接加热。

4. 在分离两种沸点相近的液体时，为了提高分离效率，可用装有填料的分馏柱。

实验五　呋喃甲醛的水泵减压蒸馏

一、实验目的

1. 掌握水泵减压蒸馏的装置及操作。
2. 熟悉减压蒸馏的适用范围及用途。
3. 了解油泵减压蒸馏的装置及操作。

二、实验原理

　　减压蒸馏是分离和提纯有机化合物的常用方法之一。它特别适用于那些在常压蒸馏时未达沸点即已受热分解、氧化或聚合的物质。

　　液体的沸点是指它的蒸气压等于外界压力时的温度，因此液体的沸点是随外界压力的变化而变化的，如果借助于真空泵降低系统内压力，就可以降低液体的沸点，这便是减压蒸馏操作的理论依据。见图 3-7。

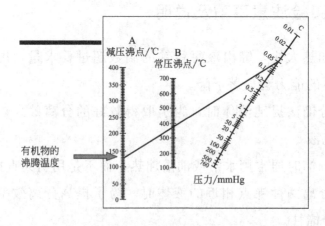

图 3-7　压力与沸点关系图

呋喃甲醛存放过久会变成棕褐色甚至黑色，同时往往含有水分，因此使用前需蒸馏提纯，收集 155～167℃馏分。最好在减压下蒸馏，收集 54～55℃/2.27kPa（17mmHg）的馏分。新蒸的呋喃甲醛为无色或淡黄色液体。

三、实验药品与器材

药品：呋喃甲醛。

器材：蒸馏烧瓶 100mL、蒸馏头、沸石、温度计（150℃）、冷凝管、接收器、缓冲瓶、循环式水泵、磁力搅拌加热板、油浴锅。

四、实验内容

1. 安装装置。选用 100mL 蒸馏瓶、150℃温度计、直形冷凝管、三叉燕尾管，自制缓冲装置、循环式水泵。用 50mL 圆底烧瓶作为接收瓶。所有仪器都应洁净干燥。按照自下而上、自左到右的顺序安装装置。各磨口对接处均需涂上一层薄薄的真空脂并旋转至透明。

2. 检漏密封。开启循环式水泵，看所能达到的真空度。

3. 加料。通过三角漏斗加入待蒸馏的呋喃甲醛 40mL。

4. 调节和稳定工作压力。使系统内的压强值为 64.0kPa（48mmHg）并稳定下来。

5. 蒸馏和接收。开始加热，收集各个馏分，维持每秒钟 1～2 滴的馏出速度，直至温度计的读数发生明显变化时停止蒸馏。如果温度计的读数一直恒定不变，则当蒸馏瓶中只剩下 1～2mL 残液时也应停止蒸馏。

6. 结束蒸馏。移去油浴，稍冷后关闭冷却水，解除真空，按照与安装时相反的次序依次拆除各件仪器，清洗干净。

7. 计量产品。计量正馏分的体积，计算呋喃甲醛的回收率。

五、实验注意事项及说明

1. 可用电磁搅拌代替沸石产生气泡以防止暴沸，不过在蒸馏过程中由于压力骤降或是还存在低沸点物质的原因，仍很可能产生暴沸。因此在逐渐关闭安全瓶活塞时，应密切注意蒸馏瓶内情况，一旦有暴沸倾向，应立即适度打开安全瓶活塞，消除暴沸。

2. 停止减压蒸馏（无论水泵、油泵）时必须先将体系内压力与大气压平衡后再关抽气泵。

实验六　水蒸气蒸馏——从橙皮中
提取柠檬烯

一、实验目的

1. 掌握水蒸气蒸馏、减压蒸馏、萃取的装置及操作。
2. 熟悉水蒸气蒸馏的适用范围及用途。
3. 了解从植物中提取天然成分的方法。

二、实验原理

当与水完全不互溶的有机物与水一起共热时，根据道尔顿分压定律，整个体系的总蒸气压为各个组分蒸气压之和：

$$p_总 = p_水 + p_A$$

当 $p_总$ 与大气压相等时，液体沸腾，所以混合物的沸点比其中任一组分的沸点都要低，即有机物可在比其沸点低得多的温度下安全地被蒸馏出来，直至被提取物全部蒸出，蒸馏时混合物的沸点不变。

由 $pV = nRT$，在一定容积（V）和相同温度（T）下，混合物蒸气中各组分的分压之比等于它们在气相中的物质的量之比：

$$\frac{p_A}{p_水} = \frac{n_A}{n_水}$$

即有质量之比 $G_A/G_水$：

$$\frac{G_A}{G_水} = \frac{M_A p_A}{M_水 p_水}$$

三、实验药品与器材

药品：新鲜橙子皮、无水硫酸钠、二氯乙烷。

器材：水蒸气发生器、三口烧瓶（250mL）、锥形瓶（50mL）、直形冷凝管、尾接管、T形管、螺旋夹、分液漏斗（125mL）、沸石、铁架台、温度计、蒸馏烧瓶（50mL）、油浴锅、磁力搅拌加热板。

四、实验内容

1. 水蒸气蒸馏

在水蒸气发生器的 500mL 圆底烧瓶中加入占容积 1/2～2/3 的热水，在 250mL 三口烧瓶中加入细碎的橙子皮 50g，并加入 30mL 热水，如图 3-8 安装好蒸馏装置（将图中的长颈烧瓶改为三口烧瓶，除水蒸气发生器外，其余玻璃仪器均为标准磨口的）。

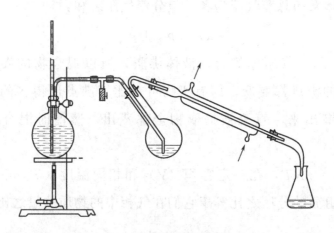

图 3-8　水蒸气蒸馏装置

当有大量蒸汽从 T 形管冲出时旋紧螺旋夹，水蒸气进入蒸馏部分，开始蒸馏。可观察到在馏出液的水面上有一层很薄的油层。当馏出液无明显油珠、澄清透明时，松开弹簧夹，然后停止加热。

2. 萃取

将馏出液加入分液漏斗中，并加入 30mL 二氯乙烷于馏分中，静置 5min，取下层液，置于干燥的 50mL 锥形瓶中。

3. 常压蒸馏

将下层液置于 50mL 的蒸馏烧瓶中，组装蒸馏装置进行蒸馏，蒸馏出二氯乙烷，烧瓶中残留液为柠檬烯。加入 1g 无水硫酸钠干燥。

实验完毕拆下蒸馏装置洗净，放好。称量产品。

五、实验注意事项及说明

1. 停止蒸馏时先取出通入反应器中的导管，再停止加热水蒸气，防止倒吸。

2. 为了避免水蒸气在蒸馏烧瓶中冷凝而聚集液体过多，可在蒸馏烧瓶下置一石棉网，用小火加热，但要注意不能使蒸馏烧瓶内产生崩跳现象，蒸馏速度控制在每秒钟 2～3 滴为宜。

3. 在蒸馏需要中断或蒸馏完毕后，一定要先打开螺旋夹，与大气相通后方可停止加热，否则蒸馏瓶中的液体将会倒吸入水蒸气发生器中。

4. 水蒸气导入管要插到接近蒸馏烧瓶底处，这样才能使水蒸气与待蒸馏液体充分接触。

5. 如果随水蒸气馏出的物质具有较高的熔点，在冷凝后易析出固体，则应调小冷凝水的流速，使馏出物冷凝后仍保持液态。假如已有固体析出，并要阻塞冷凝管时，可暂时停止冷凝水的流通，甚至暂时放去夹套内的冷却水，以使凝固的物质熔融后随水流入接收器中。务必注意当重新通入冷却水时，要缓慢进行以免骤冷使冷凝管破裂。

6. 分液漏斗使用时要注意混合后打开活塞排气，排气时，瓶口向下，漏斗口向水槽（不要向人）。

7. 静置分层时要保持与大气连通。

8. 柠檬烯：别名苧烯，单萜类化合物，无色油状液体，有类似柠檬的香味。分子式 $C_{10}H_{16}$，分子量 136.23，熔点 74.3℃，沸点 177℃，折射率 1.471～1.480，20.85℃时密度 0.8402g/cm^3。

实验七　乙酸乙酯的合成与水解

一、实验目的

1. 掌握回流、常压蒸馏的装置及操作。
2. 熟悉阿贝折射仪的使用方法。
3. 了解乙酸乙酯合成与水解原理及绿色化学的概念。

二、实验原理

实验室通常利用羧酸和醇来合成酯。在酸催化下，羧酸和醇反应生成酯和水，称为酯化反应。在同样条件下，酯也可以水解生成羧酸和醇。因此，酯化反应是一个典型的可逆反应。

$$CH_3COOH + C_2H_5OH \xrightleftharpoons{H^+} CH_3COOC_2H_5 + H_2O$$

事实上，无催化剂的酯化反应速率是很慢的，需加热回流很长时间（几天）才能达到平衡。加入催化剂（如浓硫酸）则可明显加速达到平衡。但是催化剂只能改变反应速率，对反应限度没有多大影响。由于浓硫酸具有强烈的氧化性和腐蚀性，通过研究选择 $AlCl_3 \cdot 6H_2O$ 这种路易斯酸代替浓硫酸做催化剂。

要提高酯的产率，可使反应物中价格较低的原料过量，以便化学平衡向生成物方向移动。例如在本实验中，就是用过量的乙醇与乙酸作用，因为乙醇比乙酸便宜。或者可以不断从反应体系中除去一种生成物（如水），使化学平衡也向生成物方向移动，从而提高酯的产率。实际上常常是两种方法一并使用。

利用乙酸乙酯能与水、乙醇形成低沸点共沸物的特性，很容易将乙酸乙酯从反应体系中蒸馏出来。

初馏液中除乙酸乙酯外，还含少量乙醇、水、乙酸等杂质，故用饱和碳酸钠溶液洗去酸，用饱和氯化钙溶液洗涤其中的醇，并用无水硫酸镁进行干燥。但我们合成乙酸乙酯后将对它进行水解，水解反应用碱做催化剂，水解可得乙醇，乙醇可被重复利用。无需对初馏液进行精制，即可进行下步水解反应。

乙酸乙酯是无色易燃的液体，具有水果香味。纯乙酸乙酯沸点为77.1℃，折射率为1.3723。95％乙醇的折射率为1.3671。

三、实验药品与器材

药品：95％乙醇、冰醋酸、六水氯化铝、氢氧化钠、无水乙醇、乙醚、蒸馏水。

器材：阿贝折射仪、回流装置（1套）、常压蒸馏装置（1套）、50mL烧瓶（两个）、脱脂棉、油浴锅、磁力搅拌加热板。

四、实验内容

1. 乙酸乙酯的合成。取洁净的50mL烧瓶，依次加入2.5g $AlCl_3 \cdot 6H_2O$、10mL 95％乙醇、6.3mL冰醋酸，加热回流15min，待冷却近室温后改蒸馏装置，收集馏出物，得乙酸乙酯粗品，温度达到85℃时停止蒸馏。

2. 乙酸乙酯的水解。在50mL圆底烧瓶中加氢氧化钠4.5g、水6mL混合，待其冷却近室温后，接着加入收集的馏出物，即乙酸乙酯粗品，磁力搅拌至溶液由两相变为一相，再冷却接近室温时改蒸馏装置，用另一个已干燥过的50mL锥形瓶接收产品，当温度达到78℃停止蒸馏，测量蒸馏得到的乙醇体积，计算乙醇回收率。

3. 测定折射率。同时测定95％乙醇、蒸馏得到的乙醇的折射率，并进行比较。

五、实验注意事项及说明

1. 进行回流、蒸馏操作时，应在圆底烧瓶中加入沸石。

2. 回流的速度，应控制在液体蒸气浸润不超过两个球为宜。

3. 水解时的催化剂氢氧化钠的浓度很高，在振摇过程中可能会形成胶冻状物，此时加入少量蒸馏水即可。

4. 进行乙酸乙酯的合成与水解反应，避免了以往合成的乙酸乙酯最终进入下水道污染环境的命运，而是通过水解又得到乙醇，物质循环利用，符合绿色化学原则，有利于环境保护。

5. 乙醇与水可形成恒沸物，在 1atm（1atm＝101325Pa，下同）下，乙醇与水形成的最低恒沸物中乙醇的质量分数为 95%，故按乙醇质量分数为 95% 计算乙醇回收率。

实验八　工业苯甲酸粗品的重结晶

一、实验目的

1. 掌握重结晶的操作及一般步骤，熔点测定仪的使用方法。
2. 熟悉重结晶溶剂的选择方法。
3. 了解重结晶的概念及用途。

二、实验原理

固体有机物在溶剂中的溶解度与温度有密切关系。一般是温度升高，溶解度增大。若把固体溶解在热的溶剂中达到饱和，冷却时即由于溶解度降低，溶液变成过饱和而析出晶体。利用溶剂对被提纯物质及杂质的溶解度不同，可以使被提纯物质从过饱和溶液中析出。而让杂质全部或大部分仍留在溶液中（若在溶剂中的溶解度极小，则配成饱和溶液后被过滤除去），从而达到提纯目的。

三、实验药品与器材

药品：粗苯甲酸（本实验药品混有氯化钠和少量泥沙；采用 50g 苯甲酸中加入 2g 氯化钠）、活性炭、蒸馏水。

器材：烧杯（250mL）、铁架台、酒精灯、普通漏斗、玻璃棒、坩埚钳、滤纸、石棉网、三脚架、试管、胶头滴管。

四、实验内容

1. 溶解与脱色

称取 2g 工业苯甲酸粗品，置于 250mL 烧杯中，加水约 50mL，放在石棉网上加热并用玻璃棒搅动，观察溶解情况。如至水沸腾仍有不溶性固体，可分批补加适当水直至沸腾温度下可以全溶或基本溶。然后再补加15～20mL水，总用水量约80mL。与此同时将布氏漏斗放在另一个大烧杯中加水煮沸预热。暂停对溶液加热，稍冷后加入半匙活性炭，搅拌使之分散开。重新加热至沸并煮沸2～3min。

2. 热过滤

取出预热的布氏漏斗，立即放入事先选定的略小于漏斗底面的圆形滤纸，迅速安装好抽滤装置，以数滴沸水润湿滤纸，开泵抽气使滤纸紧贴漏斗底。将热溶液倒入漏斗中，每次倒入漏斗的液体不要太满，也不要等溶液全部滤完再加。在热过滤过程中，应保持溶液的温度，为此，将未过滤的部分继续用小火加热，以防冷却。待所有的溶液过滤完毕后，用少量热水洗涤漏斗和滤纸。

3. 结晶

滤毕，立即将滤液转入100mL烧杯中用表面皿盖住杯口，室温下放置冷却结晶。如果抽滤过程中晶体已在滤瓶中或漏斗尾部析出，可将晶体一起转入烧杯中，将烧杯放在石棉网上温热溶解后再在室温下放置结晶，或将烧杯放在热水浴中随热水一起缓缓冷却结晶。

4. 抽滤、干燥、测熔点

结晶完成后，用布氏漏斗抽滤，用玻璃塞将结晶压紧，使母液尽量除去。打开安全瓶上的活塞，停止抽气，加1～2mL冷水洗涤，然后重新抽干，如此重复1～2次。最后将结晶转移到表面皿上，摊开，在红外灯下烘干，测定熔点，并与粗品的熔点作比较。称重，计算回收率。粗品熔点 112～118℃，产品熔点 121～122℃。数据记录表见表 3-4。

表 3-4　实验数据记录及结果处理

名称	熔点/℃	质量/g	回收率/%
苯甲酸粗品			
结晶苯甲酸			

五、实验注意事项及说明

1. 重结晶概念、溶剂选择的一般方法、重结晶的一般操作步骤的相关知识，请参考本实验指导第二部分相关内容。

2. 选择适当的溶剂对于重结晶操作的成功具有重大的意义，一个良好的溶剂必须符合下面几个条件：不与被提纯物质起化学反应；在较高温度时能溶解多量的被提纯物质而在室温或更低温度时只能溶解很少量；对杂质的溶解度非常大或非常小，前一种情况杂质留于母液内，后一种情况趁热过滤时杂质被滤除；溶剂的沸点不宜太低，也不宜过高；能给出较好的结晶；在几种溶剂都适用时，则应根据结晶的回收率、操作的难易、溶剂的毒性大小及是否易燃、价格高低等择优选用。

3. 常用的溶剂有水、乙醇、丙酮、苯、乙醚、氯仿、石油醚、乙酸乙酯等。如果没有合适的单一溶剂，还可以使用混合溶剂。混合溶剂就是把对被提纯固体溶解度很大的溶剂（良溶剂）和溶解度很小的且能互溶的溶剂混合起来，以获得具有良好溶解性能、符合重结晶要求的溶剂。常用的混合溶剂有乙醇-水、乙酸-水、丙酮-水、吡啶-水、乙醚-乙（甲）醇、乙醚-丙酮、乙醚-石油醚、苯（甲苯）-石油醚。

4. 由于有机化学反应复杂，常会产生有颜色的杂质及树脂状物质，会影响纯化效果，甚至妨碍结晶析出，常加入吸附剂煮沸脱色。用得最多的吸附脱色剂是活性炭，其用量应根据杂质的多少而定，一般为被提纯固体质量的1％～5％为宜。

5. 活性炭不能在溶液正在或接近沸腾时加入！以免溶液暴沸溢出，发生危险。如果一次脱色的效果不理想，可重新再进行一次脱色。

实验九　薄层色谱——青菜色素的分离与检测

一、实验目的

1. 掌握薄层板的制作和薄层色谱的分离操作。
2. 熟悉展开剂的选择原则及方法。
3. 了解薄层色谱的原理及一般步骤。

二、实验原理

1. 原理

薄层色谱（Thin Layer Chromatography）常用 TLC 表示，又称薄层色谱，属于固-液吸附色谱。样品在薄层板上的吸附剂（固定相）和溶剂（移动相）之间进行分离。由于各种化合物的吸附能力各不相同，在展开剂上移动时，它们进行了不同程度的解析，从而达到分离的目的。

2. 薄层色谱的用途

① 化合物的定性检验。因为影响比移值的因素很多，要获得重现的比移值比较困难。为此，在测定某一试样时，最好用已知样品进行对照。

$$R_f = \frac{溶质最高深度中心至原点中心的距离}{溶剂前沿至原点中心的距离}$$

② 快速分离少量物质（少到几十微克，甚至 $0.01\mu g$）。

③ 跟踪反应进程。在进行化学反应时，常利用薄层色谱观察原料斑点的逐步消失，来判断反应是否完成。

④ 化合物纯度的检验（只出现一个斑点，且无拖尾现象，为纯物质）。此法特别适用于挥发性较小或在较高 温度易发生变化而不能用气相色谱分析的物质。

三、实验药品与器材

药品：新鲜青菜、粉末状碳酸钙、二氧化硅、石油醚、蒸馏水、薄层色谱硅胶、丙酮、饱和食盐水、无水硫酸钠、羧甲基纤维素钠（CMC）。

器材：载玻片、研钵、色谱缸、点样毛细管、滴管、分液漏斗、真空脂、烘箱、紫外分光光度计、100mL 烧杯、减压抽滤装置。

四、实验内容

1. 薄层板的制备及活化

按照每克羧甲基纤维素钠 100mL 蒸馏水的比例在圆底烧瓶中配料，加热回流至完全溶解，抽滤，制得 CMC 溶液。调浆称取 3g 硅胶 G 于干净 100mL 烧杯中，加入 12mL 配制好的 CMC 溶液，立即搅拌，在半分钟内研成均匀的糊状。将已经洗净烘干的载玻片水平放置在台面上，用小药勺舀取糊状物置于载玻片上，迅速摊布均匀。如不均匀，可轻敲载玻片侧沿使之流动均匀，铺制过程应在 3～5min 内完成。待硅胶在室温下固化定性后，将铺好的硅胶板放入烘箱中升温至 105～110℃保温半小时，切断电源，待不烫手时取出。如不马上使用，应放入干燥箱中备用。

2. 青菜色素的提取

取 5g 洗净且用滤纸吸干后的新鲜青菜叶，用剪刀剪碎置于研钵中，加入 0.25g 碳酸钙、0.25g 二氧化硅，充分研磨，接着加入 2×10mL 丙酮提取色素，然后用布氏漏斗进行减压抽滤，弃去滤渣。再将滤液转移至分液漏斗，用 10mL 石油醚萃取色素，弃去丙酮层。醚层再依次用 5mL 饱和氯化钠溶液、2×10mL 蒸馏水洗涤纯化（洗涤时轻轻振荡，以防止乳化，并且及时放气），后用 2g 无水硫酸钠干燥醚层 30min，抽滤，最后减压浓缩醚层至体积约为 1mL。

3. 薄层色谱

取活化后的色谱板，在距色谱板一端 1.5cm 处用铅笔轻轻画一横线作为起始线，用毛细玻璃管蘸取青菜色素提取液，小心点滴在制好的薄层板上，样点间相距 1~1.5cm，样点直径不应超过 2mm，滴在硅胶板上的提取液要成一条直线，直线离板下沿 1.5~2cm，晾干。放入装有 3∶2 石油醚-丙酮混合展开剂的色谱缸内（注意不要让展开剂浸到提取液点），于室温展开，得到不同的色斑。取出，待溶剂挥发后，测量各色带及溶剂前沿到原点的距离，按公式计算 R_f 值。尝试不同展开剂：石油醚-丙酮＝4∶1（体积比）、石油醚-乙酸乙酯＝4∶1（体积比）、石油醚-乙酸乙酯＝3∶1（体积比）进行薄层色谱，比较溶剂对展开效果的影响。

4. 紫外灯检测

将各条色带在紫外灯下用 365nm 光谱下扫描，观察并记录各条色带的荧光。

5. 色素归属

填写表 3-5，并根据各色素的颜色、分子极性与 R_f 值的关系、吸收光谱、荧光对分离出的色素进行鉴定归属，讨论结构对 R_f 值、吸收光谱的影响。

表 3-5　实验记录及结果处理

编号	颜色	R_f 值	荧光	归属
1				
2				
3				
4				

五、实验注意事项及说明

1. 蔬菜叶须注意不可研磨得太烂而变成糊状导致分离困难。

2. 叶绿体色素对光、温度、氧气、酸、碱及其他氧化剂都非常敏感，故色素的提取和分离须尽量避光。

3. 点样及画线时应十分小心，不要将薄层碰破。

实验十　柱色谱——青菜色素的提取和分离

一、实验目的

1. 掌握柱色谱的分离操作及一般步骤。
2. 熟悉淋洗剂的选择原理及方法。
3. 了解柱色谱的原理、天然物质分离提纯方法。

二、实验原理

1. 叶绿体中的色素是有机物，不溶于水，易溶于乙醇、丙酮等有机溶剂中，所以用石油醚、乙醇、丙酮等能提取色素。

2. 本实验选用的是吸附色谱，氧化铝作为吸附剂（极性），色素提取液为吸附液，色素提取液中各成分极性大小为：叶绿素 b（黄绿色）＞叶绿素 a（蓝绿色）＞叶黄素（黄色）＞β-类胡萝卜素（橙色）。

3. 柱色谱法的分离原理是根据物质在氧化铝上的吸附力不同而使各组分分离。一般情况下极性较大的物质易被吸附，极性较弱的物质不易被吸附，所以由上到下即洗脱出来由慢到快的顺序为：叶绿素 b（黄绿色），叶绿素 a（蓝绿色），叶黄素（黄色），β-类胡萝卜素（橙色）。

三、实验药品与器材

药品：丙酮、乙醇、丁醇、乙酸乙酯、石油醚（沸点 60～90℃）、碳酸钙、二氧化硅、无水硫酸钠、中性氧化铝、新鲜青菜叶（所有试剂均为分析纯）。

器材：研钵、载玻片、色谱柱、分液漏斗、锥形瓶（5个）、毛细玻璃管、量筒、圆底烧瓶、试管、减压抽滤装置。

四、实验内容

1. 青菜色素的提取

取 5g 洗净且用滤纸吸干后的新鲜青菜叶，用剪刀剪碎置于研钵中，加入 0.25g 碳酸钙、0.25g 二氧化硅，充分研磨，接着加入 $2\times$ 10mL 丙酮提取色素，然后用布氏漏斗进行减压抽滤，弃去滤渣。再将滤液转移至分液漏斗，用 10mL 石油醚萃取色素，弃去丙酮层。醚层再依次用 5mL 饱和氯化钠溶液、$2\times$10mL 蒸馏水洗涤纯化（洗涤时轻轻振荡，以防止乳化，并且及时放气），后用 2g 无水硫酸钠干燥醚层 30min，抽滤，最后减压浓缩醚层至体积约为 1mL。

2. 柱色谱

在 203mm$\times$13.4mm 色谱柱中，将 20g 色谱用的中性氧化铝（150~160 目）从玻璃漏斗中缓缓加入，再用洗耳球轻轻敲打柱壁，使柱中的氧化铝层平整而严实。再在色谱柱上方安装一个 60mL 的分液漏斗（分液漏斗下端套接一个橡胶塞，使其能与色谱柱密闭连接），色谱柱下方与水泵相连，而后注入 40mL 石油醚。开启水泵，慢慢打开柱下活塞，抽气 1min 后，慢慢打开分液漏斗活塞，控制好石油醚的滴速，使柱子中慢慢充满石油醚。当石油醚流过色谱柱中石英板时并有数滴掉下时，关闭色谱柱的下端活塞，接着断开水泵和柱子下端相连的气管，再接着打开色谱柱下端活塞，放出石油醚。最后，移除色谱柱上端的分液漏斗，然后在氧化铝表层上面添加一片大小合适的圆形滤纸（比柱径略小），直到氧化铝层上方溶剂剩下 1~2mm 高时关闭活塞（注意：在任何情况下，氧化铝表面不得露出液面）。

将上述青菜色素的浓缩液，用滴管小心地加到色谱柱顶部，加完后，打开下端活塞，让液面下降到柱面以上 1mm 左右，关闭活塞，加数滴石油醚，打开活塞，使液面下降，经几次反复，使色素全部进入柱体。

待色素全部进入柱体后，在柱顶小心加 1.5cm 高度的洗脱剂——石油醚。然后在色谱柱上装一滴液漏斗，内装 15mL 洗脱剂。打开一上一下两个活塞，让洗脱剂逐滴放出，色谱即开始进行，用锥形瓶收集。当第一个有色成分即将滴出时，取另一锥形瓶收集，得橙黄色溶液，它就是胡萝卜素。

如时间允许，可用石油醚-丙酮 9：1（体积比）作洗脱剂，分出第二个黄色带，它是叶黄素。再用丁醇-乙醇-水 3：1：1（体积比）洗脱叶绿素 a（蓝绿色）和叶绿素 b（黄绿色）。

五、实验注意事项及说明

1. 蔬菜叶须注意不可研磨得太烂而变成糊状导致分离困难。

2. 叶绿体色素对光、温度、氧气、酸、碱及其他氧化剂都非常敏感，故色素的提取和分离须尽量避光。

3. 通常覆盖一小张滤纸来保护氧化铝或者硅胶（固定相）的表面，它应当低于洗脱剂的表面。在洗脱过程中，不要大量放出溶液，以免固定相表面暴露导致柱子干裂。

4. 色谱柱应保持垂直，并且柱内应当没有气泡。气泡或倾斜的顶部会使得流出柱体的化合物的色带易变形。

5. 叶黄素易溶于醇而在石油醚中溶解度较小，从嫩绿青菜得到的提取液中，叶黄素含量很少，柱色谱中不易分出黄色带。

实验十一　纸色谱——青菜色素的分离与识别

一、实验目的

1. 掌握纸色谱的分离操作及一般步骤。

2. 熟悉展开剂的选择原理及方法。

3. 了解纸色谱的原理。

二、实验原理

纸色谱法是以滤纸作为载体，纸上吸附的水为固定相，与水不相混溶的有机溶剂（展开剂）作为流动相。所需分离的混合样品点在滤纸条的近底部，滤纸再放入一个密闭的容器中，原点以下部分浸在有机溶剂里，由于纸纤维的毛细作用，溶剂在含水的滤纸上移动。因样品中被分离物质在水相和有机相的分配系数不同，从而达到分离的目的。所以纸色谱是一种液液分配色谱。

样品纸色谱后，被分离开的各种化合物可通过比较它的 R_f 值（比移值）来鉴定。

各种物质的 R_f 值随其结构和滤纸的种类、溶剂、温度等条件不同而异。在固定条件下，R_f 值对某一种物质来说是一个特征常数。

三、实验药品与器材

药品：丙酮、无水乙醇、色谱液（石油醚：丙酮＝10：1）、二氧化硅、碳酸钙、新鲜青菜叶、叶绿素 a 标准品、叶绿素 b 标准品、

β-胡萝卜素标准品、叶黄素标准品。

器材：研钵、色谱缸、色谱滤纸、电吹风、尺子、铅笔、毛细管、试管、减压抽滤装置。

四、实验内容

1. 青菜色素的提取及浓缩

参照薄层色谱。

2. 滤纸条的制备

取一块预先干燥处理过的色谱滤纸，将滤纸剪成长 15cm、宽 4cm 的滤纸条，底端剪成锥形，在距滤纸条一端 2cm 处用铅笔画细的横线。

3. 点样

用毛细管蘸取少量的色素液，沿铅笔画线均匀地点样，每个点之间的距离为 2cm，边缘两点不要太靠近滤纸边缘。点样重复 3~4 次，每次点样后样品扩散直径不得超过 2~3mm。

4. 展层

将 20mL 色谱液倒入色谱缸，将滤纸垂直悬挂在色谱缸中央，盖好盖，使点样的一端浸入色谱液面下约 1cm 处，不能浸在原点上（注意不能让滤纸上的色素液细线触到色谱液。纸色谱法中所用的有机溶剂如丙酮等，一般有挥发性并有一定毒性，使用时要注意密封色谱，避免吸入过多有害挥发物）。

5. 结果

用铅笔轻轻描出显色斑点的形状，并用一直尺度量每一显色斑点中心与原点之间的距离和原点到溶剂前沿的距离，计算各色斑的 R_f 值，与标准色素的 R_f 值（将各色素标准品配成合适浓度的溶液，取得方法参照步骤 2～5）对照，确定青菜中含有哪些色素。

五、实验注意事项及说明

1. 点样点的直径不能大于 0.5cm，否则分离效果不好，并且样品用量大，会造成"拖尾巴"现象。

2. 在滤纸的一端用点样器点上样品，点样点（原点）要高于色谱缸中扩展剂液面约 1cm。由于各色素在流动相（有机溶剂）和固定相（滤纸吸附的水）的分配系数不同，当扩展剂从滤纸一端向另一端展开时，对样品中各组分进行了连续的抽提，从而使混合物中的各组分分离。

3. 取滤纸前，要将手洗净，这是因为手上的汗渍会污染滤纸，并尽可能少接触滤纸；如条件许可，也可戴上一次性手套拿滤纸。要将滤纸平放在洁净的纸上，不可放在实验台上，以防止污染。

4. 经过 10～15min 后，可观察到分离后的各色素带。最上端橙黄色为胡萝卜素，其次黄色为叶黄素，再下面蓝绿色为叶绿素 a，最后的黄绿色为叶绿素 b。

实验十二　阿司匹林的合成

一、实验目的

1. 掌握结晶、抽滤、固体有机物的干燥等操作。

2. 熟悉药物合成实验装置的安装和使用；熟悉熔点测定仪的使用。

3. 了解阿司匹林的合成原理及一般步骤。

二、实验原理

乙酰水杨酸，俗称阿司匹林，它有多种合成方法。最常用的方法是以水杨酸和醋酐为原料，在浓硫酸的催化下通过乙酰化反应来制备。

乙酰水杨酸为白色针状晶体，熔点为 $136℃$，易溶于乙醇、醚，口服后在肠内分解为水杨酸，有退热止痛作用，是常用的一种解热镇痛药。

水杨酸具有酚羟基，能与三氯化铁试剂作用呈现颜色反应，此性质可作为阿司匹林的纯度检验。

三、实验药品与器材

药品：固体水杨酸、醋酐、浓硫酸、无水乙醇、$FeCl_3$ 溶液

（0.001mol/L）。

　　器材：锥形瓶（125mL）、烧杯（100mL）、布氏漏斗、温度计（100℃）、量筒（10mL 和 50mL 各一个）、水泵、恒温水浴锅、玻璃棒、电子天平。

四、实验内容

1. 阿司匹林的制备

　　称取 3g 水杨酸，放入 150mL 干燥的锥形瓶中，慢慢地加入 8mL 醋酐，再滴入 15 滴浓硫酸做催化剂，充分摇匀后，在锥形瓶口盖上一干燥的小烧杯，然后放入 70～80℃水浴中加热，并轻轻晃动至固体完全溶解，再加热 15min 使反应完全。

　　取出锥形瓶，稍微冷却，加入 3mL 水，以分解过量醋酐（反应产生的热量会使瓶内液体沸腾，蒸气急速外逸，加入水时，脸部不能对着瓶口）。分解后，再加入 30mL 水，将锥形瓶放入冷水中静置结晶。如无晶体析出，可用玻璃棒摩擦瓶壁，以加速晶体的析出。

　　当晶体完全析出后，用布氏漏斗抽滤，并用少量冷水洗涤 2 次，抽干，即得阿司匹林的粗品。

2. 粗品的重结晶

　　将乙酰水杨酸（阿司匹林）粗品放入锥形瓶中，加入 2mL 无水乙醇于恒温水浴上加热片刻，溶解后再加入 8～10mL 冷水，冷却后析出白色晶体，抽滤，干燥，计算收率。

3. 产品纯度检验

　　取少量重结晶后产品，溶解于乙醇中，加入 1～2 滴 $FeCl_3$ 溶液（0.001mol/L），观察颜色变化。

五、实验注意事项及说明

1. 酰化试剂可用乙酰氯、冰醋酸。

2. 水杨酸应当是完全干燥的，可在烘箱中 105℃下干燥 1h。

3. 水杨酸可形成分子内氢键，阻碍酚羟基酰化作用。

4. 催化剂亦可选用 0.30mL 磷酸。

5. 乙酰水杨酸受热后易发生分解，分解温度为 126～135℃，故应控制水浴温度在 70～80℃范围。

6. 重结晶时不宜长时间加热，因为在此条件下乙酰水杨酸容易水解。故粗品重结晶时宜在水浴上加热片刻。

7. 粗品重结晶时，加入乙醇的量应恰好使沉淀溶解，若乙醇过量，则很难析出晶体。

实验十三　从茶叶中提取咖啡因

一、实验目的

1. 掌握连续回流提取、蒸馏的装置及操作。
2. 熟悉蒸发浓缩、升华的操作。
3. 了解天然有机化合物的一般提取方法。

二、实验原理

咖啡因又称咖啡碱，存在于茶叶、咖啡、可可豆等植物中。茶叶中除含咖啡因外，还含有可可豆碱、茶碱等其他生物碱，此外，还有单宁酸、色素、纤维素、蛋白质等。碱性的咖啡因约占茶叶重量的 3%。

咖啡因属于黄嘌呤类生物碱，有显著的生理活性。咖啡因可用作心脏、呼吸器官和中枢神经的兴奋剂，亦具有利尿作用，还可治疗脑血管性头痛，尤其是偏头痛。但过度使用咖啡因会增加耐药性和产生轻度上瘾。现代制药工业多用合成方法制得咖啡因。

咖啡因是弱碱性化合物。含结晶水的咖啡因为白色针状晶体，味苦，能溶于水、乙醇、氯仿、丙酮、沸苯中，微溶于石油醚。在 100℃时失去结晶水，开始升华，120℃时升华相当显著，178℃以上升华加快。无水咖啡因的熔点为 238℃。

本实验利用咖啡因能溶于乙醇的性质，用乙醇将咖啡因从茶叶中提取出来，蒸去溶剂，得粗咖啡因，再利用咖啡因的升华性，纯化粗咖啡因。

三、实验药品及器材

药品：茶叶、95％乙醇、碱石灰。

器材：磁力搅拌加热板、油浴锅、100mL 圆底烧瓶、恒压滴液漏斗、球形冷凝管、直形冷凝管、蒸馏头、尾接管、锥形瓶、蒸发皿、玻璃漏斗、电子天平、量筒、砂子、棉花、滤纸。

四、实验内容

1. 连续回流提取咖啡因

图 3-9　连续回流
提取装置

称取 10g 茶叶，碾碎，装入恒压滴液漏斗（事先在其底部垫少量棉花，防止茶叶末堵住活塞）。将恒压滴液漏斗装在 100mL 圆底烧瓶上，取 60mL 95％乙醇加到恒压滴液漏斗中，打开活塞，将乙醇液面调至高出茶叶所填高度 1cm。在恒压滴液漏斗上安装球形冷凝管，组成连续回流提取装置（见图 3-9）。然后打开活塞，将浸泡茶叶的乙醇全部放入 100mL 圆底烧瓶中。关闭活塞，加热，回流，当乙醇浸没茶叶后，打开恒压滴液漏斗的活塞至一定程度，以便控制乙醇的流速，使乙醇的回流速度等于乙醇从恒压滴液漏斗中的滴出速度，持续 40min。将连续回流提取装置改为蒸馏装置。蒸馏至提取液稍显黏稠状，并回收乙醇。

2. 蒸发

将浓的提取液转移至洁净蒸发皿，砂浴，蒸发至提取液更为黏稠，再加入 6～8g 碱石灰，同时搅拌，继续加热蒸发至茶叶提取液变为干燥的粉末。

3. 升华

将预先刺有许多小孔的滤纸盖在蒸发皿上，并在滤纸上倒罩一合适的玻璃漏斗，用砂浴加热升华，需控制火焰，尽可能使升华速度放慢。如发现有棕色烟雾时，即升华完毕，停止加热，冷却后，揭开漏斗和滤纸，收集白色针状结晶，称量，计算产率。

五、实验注意事项及说明

1. 本实验中用恒压滴液漏斗代替索氏提取器，效果好。

2. 碱石灰起吸水和中和作用，以除去部分杂质。

3. 蒸馏时要注意提取液的黏稠度。黏稠度太小，说明提取液中含有过多乙醇，还需继续蒸馏；黏稠度太大，造成转移困难，影响产率。

4. 升华温度应低于物质的熔点。

5. 升华操作时需严格控制加热温度。如果温度过高，会导致被烘物大量冒烟，产物不纯和产品损失。

6. 如果产品中还有颜色和含有杂质，可用热水重结晶一次。

参 考 文 献

[1] 曹德英，蒋晔．药学实验与技术：上册．石家庄：河北科学技术出版社，2013.

[2] 吴玮琳．基础化学实验技能．郑州：河南科学技术出版社，2007.

[3] 范志鹏．大学基础化学实验教学指导．北京：化学工业出版社，2006.

[4] 师兆忠，王方林．基础化学实验．北京：化学工业出版社，2006.

[5] 傅献彩，沈文霞，姚天扬，等编．物理化学．北京：高等教育出版社，2006.

[6] 李如章．有机化学实验．北京：科学出版社，2005.

[7] 武汉大学化学与分子学院实验中心．有机化学实验．武汉：武汉大学出版社，2004.

[8] 蔡炳新．基础化学实验．北京：科学出版社，2001.

[9] 吴炳贤．大学有机化学实验．北京：中国医药科技出版社，1998.

[10] 夏忠英．有机化学实验．北京：中国中医药出版社，1996.

[11] 曾昭琼．有机化学实验．北京：高等教育出版社，1987.

有机化学实验报告

专业_____

班级_____

姓名_____

学号_____

实验一　温度计校正及熔点测定

预习报告

一、实验目的

1. 掌握_____。

2. 熟悉温度计校正方法。

3. 了解测定熔点的原理和意义。

二、实验原理

(1) 物质从始熔（开始熔化）到全熔（完全熔化）的温度范围称为_____。每一种纯净物都具有特定的_____。纯净物熔点距很小，一般为_____。

(2) 若测定 A 与 B 混合物的熔点与单独测定 A 或 B 的熔点_____，则说明 A 与 B 为同一种物质；若 A 与 B 混合物的熔点____单独测定 A 与 B 的熔点，且熔点距____，则可以认定 A 与 B 是不同物质。

(3) 熔点测定的方法主要有_____和_____。

三、操作步骤

1. 毛细管法测熔点的步骤一般分_____步，①_____；②_____；③_____；④_____；⑤_____。

(1) 样品的装填。样品柱高约_____为止。每个样品依上法填装_____毛细管。

(2) 安装测定熔点装置。将提勒管固定在铁架台上。将装好样品的毛细管用_____固定在温度计上，再用_____插入提勒管的管口_____温度计，使温度计_____在提勒管两个_____的_____为宜（见《有机化学实验指导》中图 3-1）。

(3) 第一次测定熔点。先用酒精灯的_____预热整个测定管，然后加热熔点测定管下侧管的_____端。先_____加热，记录下样品熔化时的温度，此为粗测化合物的_____。

(4) 第二次测定熔点。待浴液冷却至样品熔点_____以下，换上另一根装有样品的新毛细管。开始时控制温度每分钟升高_____，当温度离熔点约_____时，应减缓加热速度，改用小火，每分钟升温_____。当接近熔点时，加热速度要更慢，每分钟上升_____，加热的同时，要注意观察样品的变化情况，当样品相继出现发毛、收缩、塌陷时即为_____，记录温度，澄清（完全透明）时即为_____，记录温度，停止加热。如《有机化学实验指导》图 3-2 所示。

(5) 测定结束。所有样品测定完毕后，待浴液冷却_____后，取出温度计，先用_____擦去浴液，放冷后再用_____冲洗，否则温度计会炸裂。将浴液倒入_____。

2. 显微熔点仪测熔点的步骤一般分_____步。

(1) 对待测物品进行干燥处理。把待测物品_____，放在_____内，用干燥剂干燥；或用直接快速烘干（温度应控制在待测物品的熔点温度_____）。

(2) 将热台放置在显微镜底座 $\phi100mm$ 孔上，并使放入盖玻片的端口位于_____，以便于取放盖玻片及药品。

（3）将热台的电源线接入_____上的输出端，将调压测温仪的电源线与 AC220V 电源_____。

（4）取两片_____，用蘸有_____（或乙醚与酒精混合液）的脱脂棉擦拭干净。晾干后，取适量待测物品（不大于_____）放在一片载玻片上并使药品分布_____，盖上另一片载玻片，轻轻压实，然后放置在_____。

（5）盖上_____。

（6）松开显微镜的_____手轮，上下调整显微镜，直到从目镜中能看到熔点测定热台中央的待测物品_____时锁紧该手轮；然后调节_____手轮，直至能_____地看到待测物品的_____为止。

（7）打开调压测温仪的_____。测试操作过程中，熔点热台属高温部件，一定要使用_____夹持放入或取出熔点样品，以免_____。

（8）根据被测熔点样品的温度值，控制_____手钮 1 或 2，以期达到在测物质熔点过程中，前段升温_____、中段升温_____、后段升温_____。具体方法如下：先将两调温手钮顺时针调到_____位置，使热台快速升温。当温度接近待测物体熔点温度以下_____左右时（中段），将调温手钮_____调节至适当位置，使升温速度减慢。在被测物熔点值以下_____左右时（后段），调整调温手钮控制升温速度约_____，切记。

（9）观察被测物品的熔化过程，记录初熔和全熔时的_____，用镊子取下隔热玻璃和盖玻片，即完成_____测试。如需重复测试，只需将_____放在热台上，电压调为_____或切断_____，使温度降至熔点值以下_____即可。

实验一　温度计校正及熔点测定

实 验 报 告

一、实验数据及结果处理

名称	熔点测定值/℃	结论
粗测未知样品(1次,毛细管法)		
精测未知样品(1次,毛细管法)		
精测未知样品(1次,熔点测定仪法)		

_____原始数据检查教师签名（红笔）

二、思考题

1. 什么是固体物质的熔点？测定熔点的意义是什么？

2. 有两种白色粉末状晶体样品，所测熔点相同，如何证明二者是否为同一物质？

3. 简述温度计的校正方法。

_____实验报告批阅教师签名（红笔）

3

实验二 常压蒸馏、沸点、折射率的测定

预习报告

一、实验目的

1. 掌握_____。
2. 熟悉_____。
3. 了解沸点测定的原理及方法。

二、实验原理

1. 沸点的高低与所受外界压力大小有关，通常所说的沸点是指大气压为_____时液体的沸腾的温度。

2. 将_____物质加热至沸腾变成_____，再将蒸气_____为液体，这一过程称为蒸馏。蒸馏包括_____、_____、_____和_____，应根据混合物中各组分沸点的特点进行合理选用。

3. 当一个液体混合物沸腾时，液相中高沸点的组分_____，因此通过蒸馏可达到分离液体化合物的目的。普通蒸馏只可将易挥发物质与_____物质分离开，也可以将沸点相差30℃以上的两种液体分离开，另外，蒸馏也用于_____和_____。

4. 普通蒸馏装置一般由_____、_____和_____三个部分组成，其中汽化部分由热源、热浴、_____、温度计组成，见《有机化学实验指导》图2-9。通常使待蒸液体的体积不超过蒸馏瓶容积的_____，也不少于_____。温度计的选择应使其量程高于被蒸馏物的沸点至少_____。被蒸馏物的沸点在140℃以上选用_____冷凝管；在140℃以下则选用_____冷凝管。接收瓶可选用圆底瓶或_____瓶。如果蒸馏出的物质易受潮分解，可在接收器的支管上接一个氯化钙干燥管；如果蒸馏时放出有毒气体，则需装配_____装置。

5. 蒸馏时，_____开始滴出时的温度和_____一滴流出时的温度范围，称为沸点范围，也叫_____。纯液体有_____的沸点，而且沸程很短，一般为_____；混合物没有固定的沸点，沸程也较大。所以，利用蒸馏方法可以_____有机化合物的沸点，并确定物质是否_____。用蒸馏法测定沸点的方法叫常量法。常量法所需样品用量较多，要_____以上。若样品不多，可采用_____法。

6. 折射率是有机化合物一个重要的_____常数。折射率常作为检验原料、溶剂、中间体、最终产物_____和鉴定未知物的依据。

三、操作步骤

1. 常量法测定沸点操作步骤

(1) 常量法测沸点的装置。按照《有机化学实验指导》图3-5所示安装一套蒸馏装置。该装置适用于蒸馏沸点低于_____的一般液体有机化合物。

(2) 测沸点。将40mL无水乙醇通过玻璃漏斗加入_____烧瓶中，加料时注意勿使液体从支管流出。连接好各接口。先通入_____，然后用油浴_____，开始蒸馏。控制馏液流

出速率为每秒_____，记录温度计的读数_____阶段的温度（即无水乙醇的沸点），收集此时的馏分，当温度计读数突然　　时，停止蒸馏。切不可将液体_____，以免发生意外。停止蒸馏时，应先停止_____，待没有馏出液流出时再停止_____，拆卸顺序与装配的顺序_____。

2.用阿贝折射仪测定蒸馏得到的无水乙醇的折射率

（1）准备工作

① 在开始测定前，必须先用标准试样校对读数。折射仪的校正工作可由实验老师预先完成。

② 每次测定工作之前及进行示值校准时必须将_____棱镜的毛面、_____棱镜的抛光面及标准试样的抛光面，用_____（1∶4）的混合液和_____棉花轻擦干净，以免留有其他物质，影响成像清晰度和测量精度。

（2）测定工作（见《有机化学实验指导》中图 2-3、图 2-4）。将被测液体用_____滴管加在折射棱镜表面，并将进光棱镜盖上，用锁紧手轮 10 锁紧，要求液层_____，充满_____，无_____。_____遮光板 3 上，_____反射镜 1，调节目镜视度，使_____成像清晰，此时旋转折射率刻度调节手轮 15 并在目镜视场中找到_____分界线的位置，再旋转色散调节手轮 6 使分界线不带任何_____，微调折射率刻度调节手轮 15，使_____位于十字线的中心，再适当转动照明刻度盘聚光镜 12，此时目镜视场下方显示的示值即可为被测液体的_____。

_____预习报告检查教师签名（红笔）

实验二　常压蒸馏、沸点、折射率的测定

实 验 报 告

一、实验数据及结果处理

无水乙醇的沸点：

蒸馏所得无水乙醇的折射率：

_____原始数据检查教师签名（红笔）

二、思考题

1. 普通蒸馏装置通常包含哪几部分？应如何选择蒸馏烧瓶、冷凝管？有哪些用途？装配与拆卸的顺序原则是什么？

2. 蒸馏液体时，加热与通冷凝水，停止加热与关闭冷凝水的先后顺序是怎样？

_____实验报告批阅教师签名（红笔）

6

实验三　液-液萃取

预 习 报 告

一、实验目的

1. 掌握_____。

2. 熟悉_____的操作，比较一次萃取和多次萃取的分离效果。

3. 了解液-液萃取的原理和用途。

二、实验原理

1. 液液萃取是利用物质在 A、B 两种_____的溶剂中_____不同，使物质从一种溶剂内转移至另一种溶剂中，通过反复多次萃取，能将大部分物质萃取出来。

2. 由于物质在 A、B 两种溶剂中的溶解度不同，温度一定时，物质 A、B 在两液相中浓度之比是一个常数，称为分配系数 K。即 $K = $_____。

3. 该实验中，萃取效率的计算公式_____。

三、操作步骤

1. 一次萃取操作步骤

取 60mL 洁净的_____漏斗一个，将玻璃活塞涂上_____，然后塞上转动，使凡士林形成一层均匀、透明薄层，_____检验是否漏水，如不漏水，则取 5% 苯酚水溶液_____mL 加入分液漏斗中，再加_____mL 乙酸乙酯，塞上玻璃塞，用_____按住漏斗上端玻璃塞，左手握住下端_____，倾斜倒置_____数次，使两液层充分接触，斜持漏斗使下端朝_____，开启下端活塞_____，如此重复 3~4 次，将漏斗静置于_____上。当溶液分两层后先_____下上端活塞，然后再慢慢开启_____活塞，放出下层水溶液于 100mL 锥形瓶中，上层乙酸乙酯从_____倒入烧杯中。

2. 三次萃取的操作步骤

萃取步骤与一次萃取相同，只是每次加入的乙酸乙酯为_____mL，每次萃取完成后，将下层水溶液倒回漏斗中，再加 5mL 乙酸乙酯进行萃取，重复两次，共进行_____次相同的萃取。

3. 酸碱滴定的操作步骤

见《无机化学实验指导》。

_____预习报告检查教师签名（红笔）

实验三　液-液萃取

实验报告

一、实验数据及结果处理

名称	5%苯酚	乙酸乙酯	0.01mol/L NaOH 的用量
一次萃取	20mL	15mL	
分次萃取	20mL	5mL/次(3 次)	
未萃取	20mL	0mL	

分别计算一次萃取和三次萃取效率。

_____原始数据检查教师签名（红笔）

二、思考题

1. 选用萃取剂时需注意哪些问题？

2. 若用下列溶剂萃取水溶液，它们将在上层还是下层？乙醚、氯仿、苯。

3. 同样体积的萃取剂分几次萃取与一次萃取效率哪个高？

_____实验报告批阅教师签名（红笔）

实验四　甲醇-水的分馏

预 习 报 告

一、实验目的

1. 掌握_____。
2. 熟悉分馏的原理及_____。
3. 了解分馏的种类。

二、实验原理

1. 如果由 A 和 B 组成的二元液体体系的蒸气压行为符合拉乌尔定律。拉乌尔定律的表达式为_____。

2. 根据道尔顿分压定律，气相中每一组分的蒸气压和它的摩尔分数成_____比。假设该体系中只有 A，B 两个组分，且 $p_A^{\circ} = p_B^{\circ}$，则 $x_B^{\text{气}}/x_B = 1$，表明这时液相的成分和气相的成分_____相同，这样 A 和 B 就_____用蒸馏（或分馏）的方法来分离。如果_____则 $x_B^{\text{气}}/x_B > 1$，表明沸点较低的 B 在气相中的浓度较其在液相中为_____，在将此蒸气冷凝后得到的液体中，B 的组分_____其原来的液体中的组分。如果将所得的液体再进行汽化、冷凝，B 组分的摩尔分数又会有所_____。如此反复，最终即可将两组分分开。

3. 分馏就是利用_____来实现这一"多次重复"的蒸馏过程。它是分离_____的液体混合物的主要手段。分馏可分为_____分馏和_____分馏两大类。分馏装置（如图 2-10）与蒸馏装置的不同之处是在蒸馏烧瓶和蒸馏头之间安装了_____。原理就是使混合物在分馏柱内进行多次_____，使易挥发物质从分馏柱_____分离出来。当分馏柱效率足够高时，从分馏柱顶部出来的物质几乎是纯净的_____，而最后在烧瓶里残留的则几乎是纯净的_____组分。

三、操作步骤

用简易分馏装置分馏甲醇-水的操作步骤

1. 在_____mL 的蒸馏烧瓶中加入_____mL 甲醇和_____mL 水的混合物，装好分馏装置。

2. 加热，蒸气慢慢进入_____中，此时要仔细控制加热温度。当冷凝管中有蒸馏液流出时，迅速_____温度计所示的温度。控制加热速度，使馏出液慢慢地均匀地以_____滴/2～3s 的速度流出。

3. 当柱顶温度维持在_____时，收集馏出液（A）。随着温度上升，再分别收集 65～70℃（B）、70～80℃（C）、80～90℃（D）、90～95℃（E）的馏分，瓶内所剩为残留液（F）。

4. 分别量出不同馏分的_____，以_____为纵坐标、各段温度的_____为横坐标，绘制分馏曲线。

_____预习报告检查教师签名（红笔）

实验四　甲醇-水的分馏

实 验 报 告

一、实验数据及结果处理

馏分	65℃（A）	65～70℃（B）	70～80℃（C）	80～90℃（D）	90～95℃（E）
体积/mL					

根据上表数据绘制蒸馏曲线。

＿＿＿＿＿＿＿＿原始数据检查教师签名（红笔）

二、思考题

1. 什么是共沸混合物？为什么不能用分馏法分离共沸混合物？

2. 根据甲醇-水混合物的蒸馏曲线，普通蒸馏与分馏哪一种方法分离混合物各组分的效率高？

＿＿＿＿＿＿＿＿实验报告批阅教师签名（红笔）

10

实验五　呋喃甲醛的水泵减压蒸馏

预 习 报 告

一、实验目的

1. 掌握_____。

2. 熟悉_____。

3. 了解油泵减压蒸馏的装置及操作。

二、实验原理

1. 减压蒸馏是分离和提纯有机化合物的常用方法之一。它特别适用于那些在常压蒸馏时未达沸点即已_____、_____或_____的物质。

2. 液体的沸点是随外界压力的变化而变化的，如果借助于真空泵_____系统内压力，就可以_____液体的沸点，这便是减压蒸馏操作的理论依据。

3. 减压蒸馏装置主要由_____、_____、_____和_____四部分组成。蒸馏部分由蒸馏瓶、_____、毛细管、温度计及冷凝管、接收器等组成，见《有机化学实验指导》图2-13、图2-14。冷凝部分多用_____冷凝管。蒸馏液接收部分的接引管上具有可供接_____部分的小支管。通常用_____接引管连接两个或三个_____烧瓶，在接收不同馏分时，只需_____接引管。尤其不能用不耐压的平底瓶（如_____等），以防止内向爆炸。抽气部分用_____泵，最常见的减压泵有_____两种。安全保护部分一般有_____瓶，一般是配有_____的抽滤瓶，一孔与支管相配组成_____通路，另一孔安装_____活塞。安全瓶有三个作用：一是在减压蒸馏的开始阶段通过活塞调节系统内的压强，使之_____在所需真空度上；二是在实验结束或中途需要暂停时从活塞缓缓放进空气解除真空；三是在遇到水压突降时及时打开活塞以避免水_____入接收瓶中，从而保障"安全"地蒸馏。

4. 仪器安装好后，先检查系统是否_____，然后加入待蒸的液体，量不要超过蒸馏瓶的_____，关好_____瓶上的活塞，开动_____，当压力稳定后，开始加热。蒸馏完毕，除去_____，待蒸馏瓶稍冷后再慢慢开启安全瓶上的_____，平衡内外压（若开得太快，水银柱很快上升，有冲破测压计的可能），然后再关闭_____。

5. 被蒸馏液体若含有低沸点物质时，通常先进行_____蒸馏，再进行水泵减压蒸馏，而_____减压蒸馏应在水泵减压蒸馏后进行。在系统充分抽空后通_____水，再加热（一般用油浴）蒸馏。减压蒸馏时，可用_____浴、_____浴、空气浴等加热，浴温较蒸馏物沸点高_____以上。加样时应用_____漏斗，以防磨口污染而引起漏气。实验完毕，所用的玻璃仪器要_____真空脂，洗净后再_____，以免磨口处因_____发黑，再洗净十分困难。

6. 呋喃甲醛存放过久会变成_____色，同时往往含有_____，因此使用前需蒸馏提纯，最好在减压下蒸馏，收集_____/2.27kPa（17mmHg）的馏分。新蒸的呋喃甲醛为_____液体。

三、操作步骤

呋喃甲醛减压蒸馏的操作步骤共_____步。①_____，选用100mL蒸馏瓶、_____温度计、直形冷凝管、_____燕尾管，自制_____装置、循环式水泵。用50mL_____烧瓶作为接收瓶。所有仪器都应洁净干燥。按照自下而上、自左到右的顺序安装装置。各磨口对接处均需涂上一层薄薄的_____并旋转至透明。②_____。开启循环式水泵，看所能达到的真空度。③_____。通过_____漏斗加入待蒸馏的呋喃甲醛40mL。④_____。使系统内的压强值为64.0kPa（48mmHg）并稳定下来。⑤_____。开始加热，收集各个馏分，维持每秒钟_____滴的馏出速度，直至温度计的读数发生明显变化时停止蒸馏。如果温度计的读数一直恒定不变，则当蒸馏瓶中只剩下1~2mL残液时也应_____蒸馏。⑥_____。移去油浴，稍冷后关闭冷却水，解除真空，按照与安装时相反的次序依次拆除各件仪器，清洗干净。⑦_____。计量正馏分的体积，计算呋喃甲醛的回收率。

_____预习报告检查教师签名（红笔）

实验五　呋喃甲醛的水泵减压蒸馏

实 验 报 告

一、实验数据及结果处理

1. 正馏分的体积：

2. 计算呋喃甲醛的回收率。

_____原始数据检查教师签名（红笔）

二、思考题

1. 具有什么性质的化合物需要减压蒸馏进行提纯？

2. 使用油泵减压，有哪些吸收和保护装置？其作用是什么？

3. 当减压蒸完所要的化合物后，应如何停止减压蒸馏？为什么？

_____实验报告批阅教师签名（红笔）

实验六　水蒸气蒸馏——从橙皮中提取柠檬烯

预习报告

一、实验目的

1. 掌握_____。
2. 熟悉_____。
3. 了解从植物中提取天然成分的方法。

二、实验原理

1. 当与水完全不互溶的有机物与水一起共热时，混合物的沸点比其中任一组分的沸点都要_____，即有机物可在比其_____低得多的温度下安全地被蒸馏出来。

2. 水蒸气蒸馏常用于蒸馏_____，并具有一定_____（一般在100℃时，蒸气压不低于1.33kPa）的有机化合物。适用于：①常压蒸馏时会发生分解的_____有机物；②混合物中有大量_____杂质或_____杂质；③从较多固体反应物中分离出_____的液体。目前，水蒸气蒸馏常用从中草药中提取_____和天然药物。

3. 水蒸气蒸馏是由_____和_____装置两部分组成，这两部分通过_____相连接。①水蒸气发生器可以用_____代替。根据_____内水面的升降情况，可以判断蒸馏装置是否堵塞。②T形管。打开T形管上的_____既可放出在_____中冷凝下来的积水，又可在蒸馏_____或需要中途_____时避免蒸馏瓶内的液体倒吸入水蒸气发生器中。③蒸馏装置。通常用三口瓶作为水蒸气蒸馏的蒸馏瓶，导入蒸气的导气管应插至蒸馏瓶接近_____处。

4. 水蒸气蒸馏中应该注意的问题有：①要注意安全管中的_____变化。若安全管中水位迅速上升，说明蒸馏装置的某一部位发生了_____，亦应暂停蒸馏，待疏通后重新开始。②需暂停蒸馏时应先_____T形管上的弹簧夹，取出通入反应器中的_____，再停止加热，防止倒吸。重新开始时应先加热水蒸气发生器至水沸腾，当T形管开口处有水蒸气_____时再夹上弹簧夹。

三、操作步骤

水蒸气蒸馏从橙皮中提取柠檬烯的操作步骤共_____步。①_____。在水蒸气发生器的500mL圆底烧瓶中加入约占容积_____的热水，在250mL三口烧瓶中加入细碎的橙子皮_____g，并加入30mL热水，装好全部的蒸馏装置（将《有机化学实验指导》图3-8中的长颈烧瓶改为三口烧瓶）。当有_____从T形管冲出时_____螺旋夹，水蒸气进入蒸馏部分，开始蒸馏。可观察到在馏出液的水面上有一层很薄的油层。当馏出液无明显油珠，澄清透明时，_____弹簧夹，然后停止加热。②_____。将馏出液加入分液漏斗中，并加入30mL于馏分中，静置5min，取_____层液，置于干燥的50mL锥形瓶中。③_____。将下层液置于50mL的蒸馏烧瓶中，组装蒸馏装置进行常压蒸馏，蒸馏出二氯乙烷，烧瓶中残留液为柠檬烯。加入1g无水_____干燥。④_____。实验完毕拆下蒸馏装置洗净，放好。称量产品。

_____预习报告检查教师签名（红笔）

实验六　水蒸气蒸馏——从橙皮中提取柠檬烯

实 验 报 告

一、实验数据及结果处理

柠檬烯的质量或体积：

_____原始数据检查教师签名（红笔）

二、思考题

1. 在水蒸气蒸馏完毕后，先移去热源，再打开 T 形管下螺旋管夹行吗？为什么？

2. 用水蒸气蒸馏分离混合物时，被分离物质应具备什么条件？

3. 水蒸气蒸馏操作时，如果停止蒸馏，首先应该做什么？

4. 水蒸气蒸馏操作时，发现安全管水位不正常升高，此时应该做什么？

_____实验报告批阅教师签名（红笔）

实验七　乙酸乙酯的合成与水解

预习报告

一、实验目的

1. 掌握 _____。
2. 熟悉 _____。
3. 了解乙酸乙酯合成与水解原理及 _____ 化学的概念。

二、实验原理

1. 实验室通常利用 _____ 和 _____ 来合成酯。写出乙酸乙酯的合成与水解的方程式 _____ 通过研究我们选择 _____ 这种路易斯酸代替 _____ 做催化剂。

2. 要提高酯的产率，可使反应物中 _____ 的原料过量，以便化学平衡向生成物方向移动。例如在本实验中，就是用过量的 _____ 与乙酸作用，因为乙醇比乙酸便宜。或者可以不断从反应体系中除去一种 _____（如水），使化学平衡也向生成物方向移动，从而提高酯的产率。实际上常常是两种方法 _____ 使用。

3. 利用乙酸乙酯能与水、乙醇形成低沸点 _____ 的特性，很容易将乙酸乙酯从反应体系中蒸馏出来。

4. 初馏液中除乙酸乙酯外，还含少量 _____ 等杂质，故用饱和 _____ 溶液洗去酸，用 _____ 溶液洗涤其中的醇，并用无水 _____ 进行干燥。但我们合成乙酸乙酯后将对它进行水解，水解反应用 _____ 做催化剂，水解可得 _____，乙醇可被 _____ 利用。故无需对初馏液进行 _____，即可进行下步水解反应。

5. 回流的速度，应控制在液体蒸气浸润不超过 _____ 为宜。

三、操作步骤

乙酸乙酯合成与水解反应的操作步骤共 _____ 步。① _____。取洁净的 50mL 烧瓶，依次加入 2.5g$AlCl_3 \cdot 6H_2O$、10mL95％乙醇、6.3mL 冰醋酸，加热回流 _____ min，待冷却近室温后改 _____ 装置，收集馏出物，得乙酸乙酯粗品，温度达到 85℃ 时停止蒸馏。② _____。在 50mL _____ 中加氢氧化钠 4.5g、水 6mL 混合待其冷却近室温后，接着加入收集的馏出物，即 _____，磁力搅拌至溶液由 _____，再冷却接近室温时改蒸馏装置，用另一个已干燥过的 50mL 锥形瓶接收产品，当温度达到 78℃ 停止蒸馏，测量蒸馏得到的 _____，计算乙醇回收率。③ _____。同时测定 95％乙醇、蒸馏得到的乙醇的折射率，并进行比较。

_____预习报告检查教师签名（红笔）

实验七　乙酸乙酯的合成与水解

实 验 报 告

一、实验数据及结果处理

1. 乙酸乙酯粗品的体积：

2. 计算乙醇回收率，计算公式：

$$乙醇回收率 = \frac{水解后得到的乙醇体积}{合成乙酸乙酯时用掉的乙醇体积}$$

3. 95%乙醇的折射率：

4. 水解得到的乙醇的折射率：

_____原始数据检查教师签名（红笔）

二、思考题

1. 酯化反应有什么特点？如何创造条件促使酯化反应尽量向生成物方向进行？利用酯化反应的特点在环保方面可有何作为？

2. 本实验若采用醋酸过量的做法是否合适？为什么？

3. 为什么合成乙酸乙酯后无需精制即可进行水解反应？

_____实验报告批阅教师签名（红笔）

实验八　工业苯甲酸粗品的重结晶

预习报告

一、实验目的

1. 掌握_____。

2. 熟悉_____的选择方法。

3. 了解重结晶的概念及用途。

二、实验原理

1. 固体有机物在溶剂中的溶解度一般是温度升高，溶解度_____。若把固体溶解在热的溶剂中达到饱和，冷却时即由于_____降低，溶液变成过饱和而_____。利用溶剂对被提纯物质及杂质的_____不同，可以使被提纯物质从过饱和溶液中析出，而让杂质全部或大部分仍留在溶液中，从而达到提纯目的。

2. 选择_____对于重结晶操作的成功具有重大的意义，一个良好的溶剂必须符合下面几个条件：不与_____起化学反应；在较高温度时能溶解_____的被提纯物质而在室温或_____时只能溶解很少量；对杂质的溶解度_____，前一种情况杂质留于母液内，后一种情况趁热过滤时杂质被滤除；溶剂的沸点不宜_____，也不宜过高；能给出_____。

3. 选择单一溶剂的实验方法为：取_____样品置于干净的_____中，用_____逐滴滴加某一溶剂，并不断_____，当加入溶剂的量达_____时，可在_____加热，观察溶解情况，若该物质（0.1g）在1mL冷的或温热的溶剂中_____溶解，说明溶解度_____，此溶剂_____适用。如果该物质不溶于1mL沸腾的溶剂中，则可逐步添加溶剂，每次约_____mL，加热至沸，若加溶剂量达_____mL，而样品仍然不能_____溶解，说明溶剂对该物质的溶解度太小，必须寻找其他溶剂。若该物质能溶_____沸腾的溶剂中，冷却后观察结晶析出情况，若没有结晶析出，可用玻璃棒_____管壁或者辅以_____冷却，促使结晶析出。若晶体仍然不能析出，则此溶剂也_____适用。若有结晶析出，还要注意结晶析出量的多少，并要测定_____，以确定结晶的_____。最后综合几种溶剂的实验数据，确定一种比较适宜的溶剂。

4. 重结晶一般包含8个步骤。①选择_____；②溶解_____；③_____；④_____过滤；⑤冷却结晶；⑥_____晶体；⑦晶体的_____；⑧测定_____。

三、操作步骤

工业粗品苯甲酸重结晶的操作步骤共_____步。

1. _____。称取_____工业苯甲酸粗品，置于250mL烧杯中，加水约_____mL，放在石棉网上加热并用_____搅动，观察溶解情况。如至水沸腾仍有不溶性固体，可分批补加适当_____直至沸腾温度下可以_____溶。然后再补加15~20mL水，总用水量约_____mL。与此同时将布氏漏斗放在另一个大烧杯中加水煮沸_____。暂停对溶液加热，稍冷后加入半匙_____，搅拌使之分散开。重新加热至沸并_____2~3min。

2.＿＿＿＿＿。取出预热的＿＿＿＿＿＿，立即放入事先选定的略＿＿＿＿漏斗底面的圆形滤纸，迅速安装好＿＿＿＿＿装置，以数滴沸水润湿滤纸，开泵抽气使滤纸＿＿＿＿＿漏斗底。将热溶液倒入＿＿＿＿＿中，每次倒入漏斗的液体不要太满，也不要等溶液全部滤完再加。在热过滤过程中，应保持溶液的温度，为此，将未过滤的部分继续用小火加热，以防冷却。待所有的溶液过滤完毕后，用少量＿＿＿＿＿洗涤漏斗和滤纸。

3.＿＿＿＿＿。滤毕，立即将滤液转入 100mL ＿＿＿＿＿中用表面皿盖住杯口，室温下放置冷却结晶。如果抽滤过程中晶体已在滤瓶中或漏斗尾部析出，可将晶体一起转入烧杯中，将烧杯放在石棉网上温热＿＿＿＿＿后再在室温下放置结晶，或将烧杯放在热水浴中随热水一起缓缓冷却结晶。

4.＿＿＿＿＿＿＿。结晶完成后，用布氏漏斗抽滤，用＿＿＿＿＿将结晶压紧，使＿＿＿＿＿尽量除去。打开安全瓶上的活塞，停止＿＿＿＿＿，加 1～2mL ＿＿＿＿＿＿洗涤，然后重新＿＿＿＿＿，如此重复＿＿＿＿＿次。最后将结晶转移到表面皿上，摊开，在＿＿＿＿＿下烘干，测定＿＿＿＿＿，并与粗品的熔点作比较。称＿＿＿＿＿，计算回收率。粗品熔点 112～118℃，产品熔点 121～122℃。

实验八　工业苯甲酸粗品的重结晶

实 验 报 告

一、实验数据及结果处理

名称	熔点/℃	质量/g	回收率/%
苯甲酸粗品			
结晶苯甲酸			

_____原始数据检查教师签名（红笔）

二、思考题

1. 重结晶一般包括哪几个步骤？

2. 重结晶提纯中一个理想的溶剂应具备哪些条件？

3. 如何证明重结晶提纯后的产品是否纯净？

_____实验报告批阅教师签名（红笔）

实验九　薄层色谱——青菜色素的分离与检测

预 习 报 告

一、实验目的

1. 掌握_____的制作和_____色谱的分离操作。
2. 熟悉_____的选择原则及方法。
3. 了解薄层色谱的原理及一般步骤。

二、实验原理

1. 薄层_____（Thin Layer Chromatography）常用_____表示，又称_____色谱，属于_____吸附色谱。样品在薄层板上的吸附剂（_____相）和溶剂（_____相）之间进行分离。由于各种化合物的_____能力各不相同，在展开剂上_____时，它们进行了不同程度的解析，从而达到分离的目的。

2. 薄层色谱的用途：①_____。②_____少量物质（少到几十微克，甚至0.01μg）。③跟踪_____。在进行化学反应时，常利用薄层色谱观察原料斑点的逐步消失，来判断反应是否完成。④化合物_____的检验（只出现_____斑点，且无_____现象，为纯物质）。此法特别适用于挥发性_____或在较高温度易发生_____而不能用_____色谱分析的物质。

3. 薄层吸附色谱的吸附剂常用的是_____和_____。分配色谱的支持剂为_____和硅藻土等。

4. 如果样品中各组分的比移值都比较小，则应该换用极性_____的展开剂；反之，如果各组分的比移值都_____，则应换用极性小一些的_____剂。每次更换溶剂，必须等展开槽中的前一次的溶剂_____干净后，再加入新的溶剂。

5. 薄层色谱一般包括5步。①_____的制作；②薄层板的_____；③_____；④_____；⑤_____。

6. R_f 值的计算公式_____。

7. 叶绿体色素对光、温度、氧气、酸、碱及其他氧化剂都非常_____，故色素的提取和分离须_____。

三、操作步骤

薄层色谱分离检测青菜色素的操作步骤共_____步。

1. 薄层板的_____

按照_____羧甲基纤维素钠 100mL 蒸馏水的比例在圆底烧瓶中配料，加热回流至_____溶解，_____，制得 CMC 溶液。调浆称取_____硅胶 G 于干净 100mL 烧杯中，加入_____mL 配制好的_____溶液，立即搅拌，在_____min 内研成均匀的糊状。将已经洗净烘干的载玻片放置在台面上，用小_____舀取糊状物置于_____片上，_____摊布均匀。如不均匀，可_____载玻片侧沿使之流动_____，铺制过程应在_____min 内完成。待硅胶在室温下固化定性后，将铺好的硅胶板放入烘箱中升温至_____保温_____h，切断电源，待不烫手时取出。如不马上使用，应放入干燥箱中备用。

2._____的提取

取_____洗净且用滤纸吸干后的新鲜青菜叶，用剪刀剪碎置于_____中，加入 0.25g 碳酸钙、0.25g 二氧化硅，_____研磨，接着加入 2×10mL 丙酮提取_____，然后用布氏漏斗进行减压抽滤，弃去_____。再将滤液转移至_____漏斗，用_____石油醚萃取色素，_____丙酮层。醚层再依次用 5mL_____溶液、2×10mL_____洗涤纯化（洗涤时轻轻振荡，以防止乳化，并且及时放气），后用 2g 无水硫酸钠干燥醚层_____min，抽滤，最后减压浓缩醚层至体积约为_____。

3._____色谱

取_____后的色谱板，在距色谱板一端_____cm 处用铅笔轻轻画一横线作为_____线，用毛细管蘸取青菜色素提取液，小心点滴在制好的薄层板上，样点间相距_____cm，样点直径不应超过_____，滴在硅胶板上的提取液要成一条直线，直线离板下端沿 1.5～2cm，晾干。放入装有_____石油醚-丙酮混合展开剂的色谱缸内（注意不要让展开剂浸到提取液点），于室温展开，得到不同色斑。取出，待溶剂挥发后，测量各色带及溶剂前沿到_____的距离，按公式计算_____值。尝试不同展开剂：石油醚-丙酮＝4∶1（体积比）、石油醚-乙酸乙酯＝4∶1（体积比）、石油醚-乙酸乙酯＝3∶1（体积比）进行薄层色谱，比较溶剂对展开效果的影响。

4._____检测

将各条色带在紫外灯下用 365nm 光谱下扫描，观察并记录各条色带的荧光。

5.色素_____

根据各色素的颜色、分子极性与 R_f 值的关系、吸收光谱、荧光对分离出的色素进行鉴定归属，讨论结构对 R_f 值、吸收光谱的影响。

实验九 薄层色谱——青菜色素的分离与检测

实 验 报 告

一、实验数据及结果处理

编号	颜色	R_f值	荧光	归属
1				
2				
3				
4				

＿＿＿＿＿＿＿＿原始数据检查教师签名（红笔）

二、思考题

1. 为什么可以用 R_f 值来鉴定化合物？

2. 从青菜叶中提取色素时，加入碳酸钙和二氧化硅的作用分别是什么？

3. 在混合物的薄层色谱中，如何判定各组分在薄板上的位置？比较叶绿素、叶黄素和胡萝卜素三种色素的极性，为什么胡萝卜素在色谱柱中移动最快？

＿＿＿＿＿＿＿＿实验报告批阅教师签名（红笔）

实验十　柱色谱——青菜色素的提取和分离

预习报告

一、实验目的

1. 掌握＿＿＿＿＿＿＿＿＿＿＿＿＿＿＿＿＿＿＿＿＿＿＿。
2. 熟悉＿＿＿＿＿＿＿的选择原理及方法。
3. 了解柱色谱的原理、天然物质分离提纯方法。

二、实验原理

1. 叶绿体中的色素是有机物，不溶于＿＿＿＿＿，易溶于＿＿＿＿＿＿等有机溶剂中，所以用石油醚、乙醇、丙酮等能提取色素。

2. 本实验选用的是＿＿＿＿＿＿色谱，氧化铝作为＿＿＿＿＿＿（极性），色素提取液为吸附液，色素提取液中各成分＿＿＿＿＿大小为：叶绿素 b（黄绿色）＞叶绿素 a（蓝绿色）＞叶黄素（黄色）＞β-类胡萝卜素（橙色）。

3. 柱色谱法的分离原理是根据物质在氧化铝上的＿＿＿＿＿＿不同而使各组分分离。一般情况下＿＿＿＿＿＿的物质易被吸附，极性较弱的物质不易被吸附，所以由上到下即洗脱出来的顺序为：叶绿素 b（黄绿色），叶绿素 a（蓝绿色），叶黄素（黄色），β-类胡萝卜素（橙色）。

4. 柱色谱的一般步骤包括＿＿＿＿＿＿、＿＿＿＿＿＿、＿＿＿＿＿＿。

5. 通常覆盖一小张＿＿＿＿＿来保护氧化铝或者硅胶（固定相）的表面，它应当＿＿＿＿＿洗脱剂的表面。在洗脱过程中，不要大量放出溶液，以免固定相表面＿＿＿＿＿导致柱子干裂。

6. 色谱柱应保持＿＿＿＿＿，并且柱内应当＿＿＿＿＿气泡。气泡或倾斜的顶部会使得流出柱体的化合物的＿＿＿＿＿易变形。

三、操作步骤

1. 青菜色素的提取

参照薄层色谱实验。

2. 柱色谱

在 203mm×13.4mm 色谱柱中，将＿＿＿＿＿色谱用的中性＿＿＿＿＿＿（150～160 目）从玻璃漏斗中缓缓加入，再用洗耳球＿＿＿＿＿＿柱壁，使柱中的氧化铝层＿＿＿＿＿。再在色谱柱上方安装一个 60mL 的＿＿＿＿＿漏斗（分液漏斗下端套接一个橡胶塞，使其能与色谱柱密闭连接），色谱柱下方与＿＿＿＿＿相连，而后注入 40mL＿＿＿＿＿＿。开启水泵，慢慢＿＿＿＿＿柱下活塞，抽气 1 min 后，慢慢打开分液漏斗＿＿＿＿＿，控制好石油醚的＿＿＿＿＿，使柱子中慢慢充满石油醚。当石油醚流过色谱柱中石英板时并有数滴掉下时，关闭色谱柱的＿＿＿＿＿，接着断开水泵和柱子下端相连的气管，再接着＿＿＿＿＿＿色谱柱下端活塞，放出＿＿＿＿＿。最后，＿＿＿＿＿色谱柱上端的分液漏斗，然后在氧化铝表层上面添加一片大小合适的＿＿＿＿＿（比柱径略小），直到氧化铝层上方溶剂剩下＿＿＿＿＿mm 高时关闭活塞（注意：在任何情况下，＿＿＿＿＿＿不得露出液面）。

将上述青菜色素的_____，用滴管小心地加到_____顶部，加完后，_____下端活塞，让液面下降到柱面以上_____mm 左右，_____活塞，加数滴石油醚，打开活塞，使液面下降，经几次反复，使色素_____柱体。

待色素全部进入柱体后，在柱顶小心加_____高度的洗脱剂——石油醚。然后在色谱柱上装一_____漏斗，内装_____mL 洗脱剂。_____一上一下两个活塞，让洗脱剂逐滴放出，色谱即开始进行，用锥形瓶收集。当第一个有色成分_____时，取_____锥形瓶收集，得橙黄色溶液，它就是胡萝卜素。

如时间允许，可用_____（体积比）作洗脱剂，分出第二个黄色带，它是叶黄素。再用_____（体积比）洗脱叶绿素 a（蓝绿色）和叶绿素 b（黄绿色）。

实验十　柱色谱——青菜色素的提取和分离

实　验　报　告

一、实验数据及结果处理

描述实验分出的色素（几种、何色等）。

_____原始数据检查教师签名（红笔）

二、思考题

1. 在完成色素分离时，黄色不是很明显，为什么？

2. 在用柱分离时，柱中的填料会发生断层，分析出现这种现象的原因。

3. 有的同学实验不是很成功，当把色素倒入柱中时，未出现分层，而是聚集在一起，分析其原因。

4. 在提取青菜色素的过程中，分液时水洗的目的是什么？

5. 为什么要提取自然色素？

_____实验报告批阅教师签名（红笔）

实验十一　纸色谱——青菜色素的分离与识别

预 习 报 告

一、实验目的

1. 掌握_____。

2. 熟悉_____的选择原理及方法。

3. 了解纸色谱的原理。

二、实验原理

1. 纸色谱法是以_____作为载体，纸上吸附的水为_____，与水不相混溶的有机溶剂（展开剂）作为_____。所需分离的混合样品点在滤纸条的_____，滤纸再放入一个密闭的容器中，原点_____部分浸在_____里，由于_____的毛细作用，溶剂在含水的滤纸上移动。因样品中被分离物质在水相和有机相的_____不同，从而达到分离的目的。所以纸色谱是一种液-液_____色谱。

2. 样品纸色谱后，被分离开的各种化合物可通过比较它的_____来鉴定。各种物质的 R_f 值随其结构和滤纸的种类、溶剂、温度等条件_____而异。在固定条件下，R_f 值对某一种物质来说是一个_____常数。

3. 经过 10～15min 后，可观察到分离后的各色素带。最上端橙黄色为_____，其次黄色为_____，再下面蓝绿色为_____，最后的黄绿色为_____。

三、操作步骤

1. 青菜色素的提取及浓缩（参照薄层色谱）。

2. _____的制备。取一块_____处理过的色谱滤纸，将滤纸剪成长_____cm、宽_____cm 的滤纸条，底端剪成_____，在距滤纸条一端_____cm 处用_____画细的横线。

3. 点样。用_____蘸取少量的色素液，沿铅笔画线均匀地_____，每个点之间的距离为_____cm，边缘两点不要_____滤纸边缘。点样重复 3～4 次，每次点样后样品扩散直径不得超过_____mm。

4. _____将_____mL_____液倒入色谱缸，将滤纸_____在色谱缸中央，_____盖，使点样的一端浸入_____约 1cm 处，不能浸在原点上（注意不能让滤纸上的色素液细线_____色谱液。纸色谱法中所用的有机溶剂如丙酮等，一般有挥发性并有一定毒性，使用时要注意密封色谱，避免吸入过多有害挥发物）。

5. 结果。用铅笔_____显色斑点的形状，并用一直尺度量每一_____与原点之间的距离和原点到_____的距离，计算各色斑的_____值，与标准色素的 R_f 值（将各色素标准品配成合适浓度的溶液，取得方法参照步骤 2～5）对照，确定青菜中含有哪些色素。

_____预习报告检查教师签名（红笔）

27

实验十一 纸色谱——青菜色素的分离与识别

实 验 报 告

一、实验数据及结果处理

描述实验分出的色素（几种、何色等）及识别结果。

_____原始数据检查教师签名（红笔）

二、思考题

1. 何谓 R_f 值？影响 R_f 值的主要因素是哪些？

2. 进行纸色谱操作有哪些需要注意的地方？

_____实验报告批阅教师签名（红笔）

实验十二　阿司匹林的合成

预 习 报 告

一、实验目的

1. 掌握_____等操作。

2. 熟悉_____的安装和使用；熟悉_____测定仪的使用。

3. 了解阿司匹林的合成原理及一般步骤。

二、实验原理

1. 乙酰水杨酸，俗称_____，是常用的一种_____药。它有多种合成方法。最常用的方法是以_____和_____为原料，在_____的催化下通过乙酰化反应来制备。

2. 写出合成乙酰水杨酸的化学方程式：

_____

3. 水杨酸具有_____羟基，能与_____试剂作用呈现颜色反应，此性质可作为阿司匹林的_____检验。

4. 乙酰水杨酸受热后易发生分解，分解温度为 $126 \sim 135℃$。故应控制水浴温度在_____℃范围

三、操作步骤

1. _____的制备。称取 3g_____，放入 150mL_____中，慢慢地加入 8mL 醋酐，再滴入_____滴浓硫酸做催化剂，充分摇匀后，在锥形瓶口盖上一干燥的小烧杯，然后放入_____℃水浴中加热，并轻轻晃动至固体完全溶解，再加热_____使反应完全。取出锥形瓶，稍微冷却，加入 3mL 水，以分解_____（反应产生的热量会使瓶内液体沸腾，蒸气急速外逸，加入水时，脸部不能对着瓶口）。分解后，再加入_____水，将锥形瓶放入冷水中静置结晶。如无晶体析出，可用_____摩擦瓶壁，以加速晶体的析出。当晶体_____后，用布氏漏斗_____，并用少量冷水洗涤 2 次，抽干，即得阿司匹林的粗品。

2. 粗品的_____。将乙酰水杨酸（阿司匹林）粗品放入锥形瓶中，加入 2mL 于恒温水浴上加热片刻，溶解后再加入 $8 \sim 10$mL_____，冷却后析出白色晶体，抽滤，干燥，计算收率。

3. 产品_____检验。取少量重结晶后产品，溶解于乙醇中，加入 $1 \sim 2$ 滴_____溶液（0.001mol/L），观察_____变化。

_____预习报告检查教师签名（红笔）

实验十二　阿司匹林的合成

实 验 报 告

一、实验数据及结果处理

粗品质量：

重结晶后产品质量：

计算收率。

纯度检验结果：

　　　　　　　　　　　　　　　　＿＿＿＿＿＿＿＿原始数据检查教师签名（红笔）

二、思考题

1. 在阿司匹林的合成过程中，要加入少量的浓硫酸，其作用是什么？除浓硫酸外，是否可以用其他酸代替？

2. 产生聚合物是合成中的主要副产物，生成的原理是什么？除聚合物外，是否还有其他可能的副产物？

3. 药典中规定，成品阿司匹林中要监测水杨酸的量，为什么？本实验中采用什么方法测定水杨酸？简述其基本原理。

　　　　　　　　　　　　　　　　＿＿＿＿＿＿＿＿实验报告批阅教师签名（红笔）

实验十三 从茶叶中提取咖啡因

预 习 报 告

一、实验目的

1. 掌握_____装置及操作。

2. 熟悉_____的操作。

3. 了解天然有机化合物的_____方法。

二、实验原理

1. 咖啡因又称咖啡碱，碱性的咖啡因约占茶叶重量的_____％。咖啡因属于黄嘌呤类_____，有显著的生理活性。

2. 含结晶水的咖啡因为_____晶体，味苦，能溶于_____、_____、氯仿、丙酮、沸苯中，微溶于石油醚。在100℃时失去结晶水，开始_____，_____℃时升华相当显著，178℃以上升华加快。

3. 本实验利用咖啡因能溶于乙醇的性质，用_____将咖啡因从茶叶中提取出来，蒸去溶剂，得粗咖啡因，再利用咖啡因的_____性，_____粗咖啡因。

三、操作步骤

1. _____提取咖啡因。称取_____茶叶，碾碎，装入恒压滴液漏斗（事先在其底部垫_____，防止茶叶末堵住活塞）。将恒压滴液漏斗装在_____圆底烧瓶上，取_____mL 95％乙醇加到_____中，打开活塞，将乙醇液面调至高出茶叶所填高度_____cm。在恒压滴液漏上安装_____冷凝管，组成连续回流提取装置。然后_____活塞，将浸泡茶叶的乙醇全部放入100mL_____中。关闭活塞，加热，回流，当乙醇浸没茶叶后，打开恒压滴液漏斗的活塞至一定程度，以便控制乙醇的流速，使乙醇的回流速度_____乙醇从恒压滴液漏斗中的滴出速度，持续40min。将连续回流提取装置改为_____装置。蒸馏至提取液稍显黏稠状。并回收乙醇。

2. _____。将浓的提取液转移至洁净_____，砂浴，蒸发至提取液更为黏稠，再加入6～8g_____，同时搅拌，继续_____至茶叶提取液变为_____的粉末。

3. _____。将预先刺有_____的滤纸盖在_____上，并在滤纸上倒罩一合适的玻璃漏斗，用砂浴加热_____，需控制火焰，尽可能使升华速度放慢。如发现有_____烟雾时，即升华完毕，停止加热，_____后，揭开漏斗和滤纸，收集_____，称量，计算产率。

实验十三　从茶叶中提取咖啡因

实 验 报 告

一、实验数据及结果处理

咖啡因质量：

计算收率。

_____原始数据检查教师签名（红笔）

二、思考题

1. 在本实验中，回流时采用水浴加热，而升华时采用砂浴加热，为什么？

2. 用升华法提纯的固体物质应具备什么条件？

3. 升华提纯法较重结晶提纯法在应用上有哪些优点？又受到什么限制？

_____实验报告批阅教师签名（红笔）